Die Kunst
des klaren Denkens
52 Denkfehler,
die Sie besser anderen überlassen

清醒思考的艺术

你最好让别人去犯的
52种思维错误

[德]罗尔夫·多贝里——著
（Rolf Dobelli）
朱刘华——译

中信出版集团 · CHINACITICPRESS · 北京

图书在版编目（CIP）数据

清醒思考的艺术 /（德）多贝里著；朱刘华译．--
2 版．--北京：中信出版社，2016.8（2025.10重印）
书名原文：Die Kunst des Klaren Denkens
ISBN 978-7-5086-6301-2

I. ①清… II. ①多… ②朱… Ⅲ. ①思维方法
Ⅳ. ①B804

中国版本图书馆 CIP 数据核字（2016）第 126152 号

Title of the original German edition:
Author: Rold Dobelli
Illustrated by Birgit Lang
Title: Die Kunst des klaren Denkens: 52 Denkfehler, die Sie besser anderen überlassen

清醒思考的艺术

著　　者：[德] 罗尔夫 · 多贝里
译　　者：朱刘华
策划推广：中信出版社（China CITIC Press）
出版发行：中信出版集团股份有限公司
（北京市朝阳区东三环北路27号嘉铭中心　邮编　100020）
（CITIC Publishing Group）
承 印 者：北京启航东方印刷有限公司

开　　本：880mm×1230mm　1/32　　印　　张：7.25　　字　　数：86 千字
版　　次：2016 年 8 月第 2 版　　印　　次：2025年10月第34次印刷
书　　号：ISBN 978-7-5086-6301-2
定　　价：42.00 元

Die Kunst des klaren Denkens
52 Denkfehler, die Sie besser anderen überlassen

目 录

自序

一切都始于2004年秋天的一个夜晚。那天，我接受出版商胡贝特·布尔达的邀请前往慕尼黑，去参加“一场知识分子的自由交流”。之前我从未感觉自己是“知识分子”（我读过企业管理学，成了企业家——似乎是知识分子的反面），但我出版了两部长篇小说，这显然足够了。

桌旁坐着纳西姆·尼古拉斯·塔勒布，他当时还是个不知名的喜好哲学的华尔街商人。我被作为英语和苏格兰启蒙运动的专家介绍给他——说我尤其精通大卫·休谟。很显然，他们是把我与谁搞混了。我什么也没说，有点不安地向在座的人笑笑，将由此产生的尴尬当作是我庞大的哲学知识的证明。塔勒布马上拉过一张椅子，轻轻拍拍椅面，请我坐下来。幸好聊了几句之后话题就由休谟转向了华尔街，让我至少可以参与。我们取笑首席执行官们常犯的系统性错误，也没将自己排除在外。我们谈论不可思议的事情，可事后回想起来显得也蛮有可能性。我们取笑投资者在股价低于买入价时几乎不能割舍他们的股票。

随后他寄给我手稿，我给了点意见，并对部分内容提出批评，后来这些手稿成书出版变成了畅销全球的《黑天鹅》[①]。这本书让塔勒布一下子跻身知识分子型世界巨星的行列。我对知识的饥渴日渐增长，狼吞虎咽地读完了这本关于“启发式偏差”的书。与此同时，我与许多人的交流加强了，他们堪称美国东海岸的知识分子群体。数年后我认识到，在作为作家和企业家的工作之外，我完成了名副其实的社会心理学和认识心理学研究。

我在这里使用的思维错误的概念，是指系统性地偏离理性，偏离最理想的、合乎逻辑的、理智的思考和行为。“系统”一词很重要，因为我们经常错误地走向同一方向。比如，我们高估自己的学识要比低估自己的学识频繁得多。失去某种东西的危险要比获得某种东西的前景更能促使我们快速行动。一位数学家谈到我们思维错误的一种“不规则”分布。幸运的是，这种错误有时候是可以预测的。

为了不草率地输光我靠写作和做生意积累的财产，我列了一份系统性思维错误的清单。我没打算将它发表，我这么做完全是为了我自己。但我很快发觉，这份清单不仅在金钱投资领域有用，在生意和私人生活中也很有用。有关思维错误的知识让我更平静、更审慎：我能够及时发现自己的思维陷阱，并在它们造成重大损害之前予以避免。我第一次发现，当别人行为不理智时，我可以胸有成竹地面对他们——甚至也许更具优势。但最重要的是，这

① 该书中译版由中信出版社出版。——编者注

样一来非理性的幽灵就被放逐了——我手里有类别、概念和解释，可以用来轰走它。自本杰明·富兰克林以来，电闪雷鸣没有变少、变弱或响声变低，但不及原先令人害怕了——从那时起，我自己的非理性也是这样。

很快，听说此事的朋友们就开始对我的小小提纲产生了兴趣。这一兴趣的结果是《法兰克福总汇报》和瑞士《星期天报》上每周的专栏文章，是无数的报告（主要是针对医生、投资者、董事和首席执行官们），最后是这本书。瞧，你现在手里就拿着它——它也许不能给你带来好运，但至少能保证你不会面对太大的灾难。

罗尔夫·多贝里

88
89
90
3
2
1
28
27
26
38
37
25
36

Die Kunst des klaren Denkens

1 幸存偏误

为什么你该去逛逛墓地

不管雷托望向哪里，都能见到摇滚明星。他们出现在电视里，出现在画报封面、音乐会节目单和网络论坛上。到处都能听到他们的歌曲，摇滚明星无所不在，而且有很多。他们成功了。在无数吉他英雄的激励下，雷托也组建了一支乐队。他也会成功吗？概率甚微。估计他也会与许多人一样，最终走向失败音乐家的墓地。墓地里音乐家的数量要比娱乐节目舞台上的多几万倍，但从来不见有哪位记者去关心这些失败者——那些落魄明星除外。因此人们往往看不到失败者的墓地。

幸存偏误是指：由于日常生活中更容易看到成功、看不到失败，你会系统性地高估成功的希望。不了解现实的你（与雷托一样）对成功抱有一种幻想，认识不到成功的概率有多微弱。每位成功的作家背后都有 100 个作品卖不出去的作家，每个作品卖不出去的作家背后又有100个找不到出版社的作者，每个找不到出版社的作者背后又有数百个抽屉里沉睡着刚动笔的手稿的写作爱好者。而我们总是听到成功者的故事，认识不到作家的成功概率有多小。摄影师、企业家、艺术家、运动员、建筑师、诺贝尔奖得主、电视制作人和选美冠军的情况也是一样。媒体没兴趣去刨挖失败者的墓地，这事也不归他们负责。这意味着：要想缓解幸存偏误，你就得了解这些。

在涉及金钱时你也会出现幸存偏误：一位朋友想创办一家公司，你也可以参与投资。你嗅到了机会：公司有可能成为下一个微软。的确有可能你运气好，可现实又是如何呢？最有可能的情形是，公司根本成立不起来。还有一种可能是，3年之后公司破产了。3年后幸存下来的公司，大多数会萎缩为一家员工人数不足10人的小企业。你被媒体对成功公司的介绍迷惑了。可是，因此就不去冒险吗？不是这样，不过你在行动时一定要意识到，幸存偏误这个小魔鬼会像哈哈镜一样扭曲概率。

我们就以道琼斯指数为例吧。它由纯粹的幸存者组成。因为失败公司和小公司——也就是大多数公司——都不会出现在股票指数里。股票指数并不能代表一个国家的经济，就像新闻不会报道所有音乐家一样。你也应该怀疑那些畅销图书和成功导师，因为失败者是不著书立说，不去演讲他们的失败的。

如果你本身就是“幸存者”的一分子，幸存偏误就非常麻烦了。哪怕你的成功纯属偶然，你也会发现你与其他成功者的共同点，并将它们诠释为“成功因素”。不过在逛失败者（人员、公司等）的墓地时你会发现，这些人也经常运用他们以为的“成功因素”。

当足够多的科学家调查某种现象时，就会出现这样的情况：其中一些研究纯属巧合地得出了一个重要的统计结果——比如喝红葡萄酒和长寿之间的关系。于是这些（错误的）研究立即赢得了很高的知名度。这就是一个幸存偏误。

幸存偏误意味着：你系统性地高估了成功概率。解决办法：尽可能常去逛逛曾经大有希望的项目、投资和事业的墓地。这样的散步虽然伤感，但对你是有好处的。

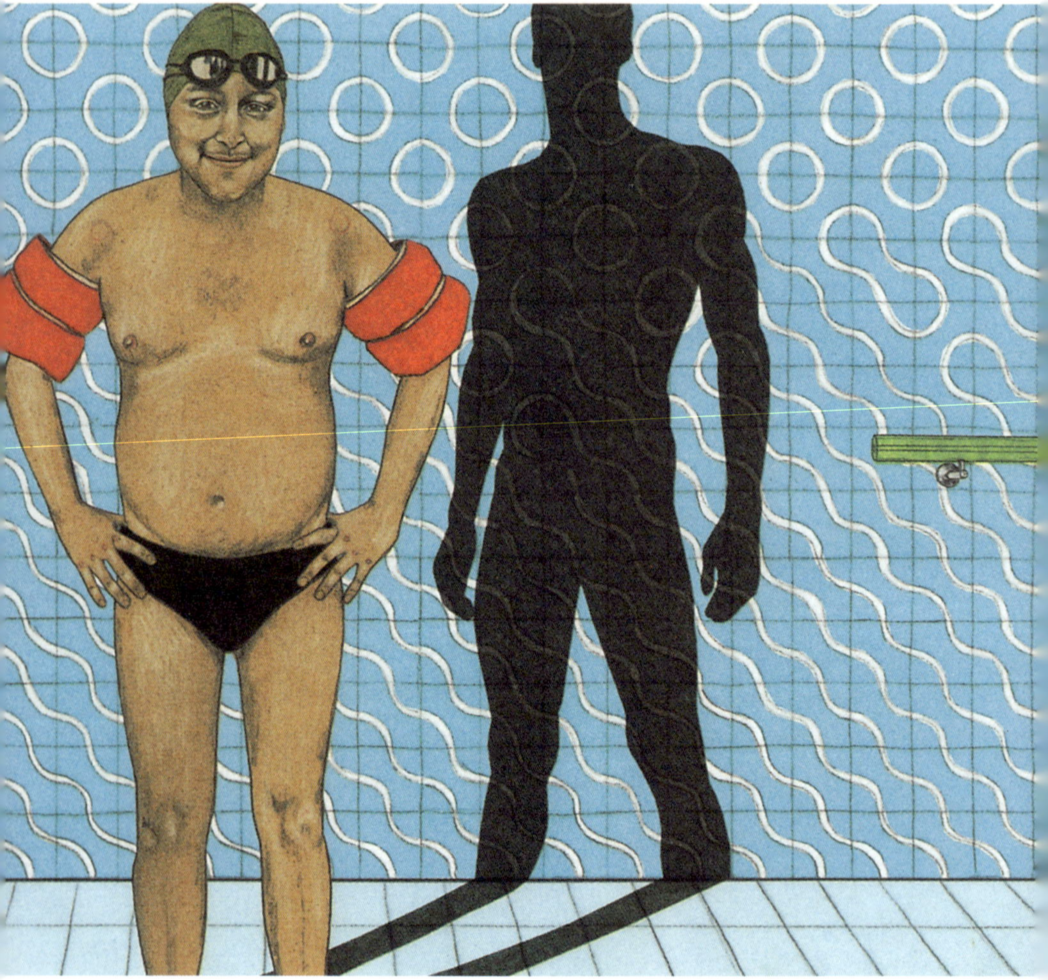

Die Kunst des klaren Denkens

2 游泳选手身材错觉

哈佛是好大学还是烂大学？我们不清楚

纳西姆·塔勒布是位作家和证券交易商，当他下决心要想办法解决他的顽固体重时，他考虑过各种体育活动。他觉得慢跑者干巴巴的、可怜兮兮的；练健美的看上去肩很宽、傻里傻气的；打网球的人呢，哎呀，他们是高贵的中产阶层！但他喜欢游泳健将，因为他们身材匀称、优美。于是他决定每周两次钻进游泳馆含氯的水里，好好练练。一段时间后他才发觉，他上了一种错觉的当。职业游泳者体形完美，并不是因为他们锻炼充分。实际情况正好相反：他们之所以成为出色的游泳选手，是因为他们拥有这样的身材。他们的身躯是一种选择标准，而不是他们运动的结果。

女模特儿为化妆品做广告，有些消费者就以为化妆品会让人变漂亮，但其实让这些女人成为模特儿的并非化妆品。这些模特儿天生丽质，因此才被选来拍化妆品广告。就像游泳选手一样，在这里，美丽是一种选择标准，而不是结果。

一旦我们混淆选择标准和结果，我们就会产生游泳选手身材错觉。如果没有这种错觉，一半的广告都不会奏效。

不光惹火的身材如此。大名鼎鼎的哈佛大学也是这样。许多成功人士都曾经在哈佛就读过，这是不是就等于哈佛是所好大学呢？我们不清楚。有的大学也许很烂，但它一样可以招收全世界最聪明的学生。我曾就读过的圣加伦大学就是这样的。它名声极佳，但课程（20年前）一般。尽管如此，出于某种原因——精心挑选的学生、狭窄山谷里的气候、食堂的饭菜……许多毕业生都事业有成。

MBA（工商管理硕士）课程大打收入牌，在全世界赚足了人们的眼球。它先算给感兴趣的人听，一个MBA的收入平均会增加百分之多少。这一简单计算旨在表明，学费虽高，但短期内就会得到回报。许多人都上当受骗了。我不想硬说这些学校虚构出了这些统计数字，但它们的说法没有价值。不想拿到MBA学位的人，所走的道路截然不同于追求MBA学位的人。造成人们收入差别的理由有成千上万个，而不只是有没有MBA证书。因此这又是游泳选手身材错觉：将选择标准与结果搞混淆了。如果你考虑继续深造，请另找原因，别拿收入增长说事。

每当我询问快乐的人们他们的快乐有何秘密时，我常听到这样的话语："必须保持乐观，不要悲观。"这些人似乎不承认他们天生就是快乐的人、倾向于在所有事情里看到积极因素。快乐的人不愿认识到，其实快乐大多是与生俱来的，在生活中恒定不变。

因此游泳选手身材错觉也是自我幻觉。如果快乐的人还来写书，这一欺骗就完美无缺了。

为此，请你从现在起远离成功自助图书，它们百分之百是那些天生具有快乐倾向的人所著。书中从头到尾都是好点子，但读者不知道，这些点子对数十亿人都不管用——因为倒霉蛋是不写成功自助图书的。

结论：凡有人讴歌某种东西值得追求——强健肌肉、美貌、高收入、长寿、影响力、快乐，你都要看仔细。在跨入泳池之前，不妨先照照镜子。你要诚实地面对自己。

Die Kunst des klaren Denkens

3 过度自信效应

你为什么会系统性地高估自己的学识和能力

俄罗斯女皇卡塔琳娜二世以淫乱闻名，曾与无数情人在她的床上颠鸾倒凤。她到底有过多少位情人？我在下一章告诉你。这里暂且谈些别的：我们应该在多大程度上信赖我们的学识？让我们先来做个小小的试验吧："请你估测女皇情人的数量范围，要让你的估测 98% 都是正确的——仅 2% 错误。"比如，这一范围介于 20~70 之间。也就是说，你估计卡塔琳娜女皇的情人多于 20 个，少于 70 个。

纳西姆·塔勒布曾经对我做过这个试验，他用这样的方式询问过数百人。有时是问密西西比河的长度，有时是问一架空客飞机的耗油量，有时是问布隆迪有多少人口。被问者可以自由选择范围，而且要像所说的那样，错误率最高是 2%。结果惊人——40% 的被问者估计的范围都是错的。率先发现这一惊人现象的是研究人员马克·阿尔佩特和霍华德·雷法，他们称之为过度自信。

这种现象同样适用于预测。对股市未来一年的走势或公司三年后预计营业额的估计就受这种效应的影响：我们总是系统性地高估我们的学识和预测能力——而且高估得很厉害。对于过度自信效应，重要的不是单个估计是否正确。过度自信会令你忽视你真正知道的东西与你已知的东西之间的区别。真正令人吃惊的是：过度自信效应对专家的影响比对非专家的影响还严重，一位经济学教授在预测油价的5年走势时会与非经济学家一样出错。只不过他这么做时过高地估计了自己。

这一效应也影响了其他能力：在询问时，84%的法国男人都声称自己是高出平均水准的好情人。没有过度自信效应时正好是50%——这符合逻辑，因为“平均”（准确地说是：正中）指的正是，50%在上面，50%在下面。

企业家就像想结婚的人：坚信自己不在统计之内。如果没有过度自信效应，工作上的积极性不会这么高。每个饭店老板都梦想开成下一家Kronenhalle餐厅[①]或Borchardt餐馆[②]——可大多数3年后就关门大吉了。饭店业务里自有资本的利润低于零，像患了慢性病似的。换个说法就是，饭店老板在系统性地资助他们的客人。

---

① 苏黎世一家富有艺术气息的高雅餐厅，深受艺术家和作家们的喜爱。——译者注

② 柏林的一家著名餐馆。——译者注

几乎没有哪个大项目会比原计划更快、更便宜地竣工。空客A400M运输机、悉尼歌剧院、三条戈特哈德隧道的延期更是令人难以置信。这个清单想列多长就有多长。

为什么会这样呢？这里有两个效应在共同起作用。一个是传统的过度自信，另一个是项目的直接利益人在激励下低估成本。调研员希望拿到系列订单，建筑企业和供应商亦然，建筑业主感觉得到了乐观数据的支持，政治家们靠这样做来拉选票。我们会在另一章简述这种激励过敏倾向。重要的区别在于：过度自信不是受到了激励，而是自然单纯、生而有之的。

让我们用三点说明来结束这一章吧：（1）不存在相反的不够自信效应。（2）过度自信效应在男人身上比在女人身上更明显——女人较少高估自己。（3）不仅乐观者会受到过度自信效应的影响，就连自称悲观的人也会高估自己——只不过高估的幅度要少些罢了。

结论：请对所有预测持怀疑态度，尤其是当这些预测是由所谓的专家们做出的。请你在筹划任何事情时都从悲观的角度出发，作最坏的打算。这样你才会真正有机会，更现实一些地判断形势。

Die Kunst des klaren Denkens

4 从众心理

就算有数百万人声称某件蠢事是对的，这件蠢事也不会因此成为聪明之举

你去参加一场音乐会，在十字路口遇见一群人，他们一个个仰望天空。你不假思索，也仰头观看。为什么？从众心理。音乐会期间，当表演到一个精彩段落时，一个人带头鼓起掌来，于是整个大厅里顿时掌声雷动，你也会跟着鼓掌。为什么？从众心理。音乐会结束后你去更衣室取你的外套。你看到前面的人将一枚硬币扔进一只碟子里，虽然更衣室的费用是包含在票价里的。你会怎么做？你恐怕也会留下一份小费。从众心理（有时被含糊地称为随大溜）是指：只要别人做什么我也跟着做什么，我的行为就是正确的。换言之，越多的人认为一个想法正确，这个想法就更加正确——这当然是荒谬的。

从众心理是仅次于股市泡沫和股市恐慌的恶魔。在时装、管

理技术、业余活动、宗教和节食里都存在从众心理。从众心理能让整个文化瘫痪——请想想邪教的集体自杀吧。

简单的所罗门·阿希试验第一次是在1950年进行的，试验显示了团队压力如何压倒健康的人类理性。试验时将不同长度的线条拿给受试者看，要他说出线条比起参照线条是更长、一样长还是更短。如果此人是独自坐在房间里，他会正确估计所有线条，因为这任务确实很简单。现在有7个人走进房间——全是演员，但受试者被蒙在鼓里。那7个人相继说出一个错误答案，虽然线条明显长于参照线条，却说它“更短”。现在轮到受试者回答了。30%的试验者会说出与前面的人一样的错误答案——纯粹是受到了团队压力的影响。

为什么会这样呢？因为我们过去的进化过程证明了这一行为是生存良策。假设5万年前你与朋友们在塞伦盖蒂一起外出狩猎、采摘野果，忽然，你的伙伴们全都跑了。你会怎么做呢？你会停在原地，挠挠额头，思考你看到的是一只狮子还是没有危险的动物，只不过看上去像只狮子吗？不，你会跟在你的朋友们身后奔跑，能跑多快就跑多快。等你身处安全时，你可以事后再反思。谁不这么做，谁就早已从基因池里消失了。这一行为模式深深植根在我们体内，我们至今还在使用它。这一模式同时也用于缺少生存优势的地方。我想到从众心理能派上用场的唯一一种情况：比如你有一张陌生城市的足球赛的票，但你不知道体育馆在哪儿。这样，你只要跟在那些看上去像足球迷的人后面往前走就行了。

喜剧和访谈节目常会利用从众心理，在关键位置插入笑声，事实证明这会引得观众发笑。约瑟夫·戈培尔在1943年所做的“你们想要全面战争吗”的演讲，是最令人难忘的从众心理的例子。可是如果单独和匿名地询问，恐怕没有一个人会同意这一荒唐建议。

广告会有计划地充分利用我们拥有从众心理的弱点。当消费者的选择毫无头绪时（汽车品牌、洗涤剂、美容产品等的数量多得无法全面掌握，它们都没有明显的优缺点），在“你我”这样的人们出现的地方，它最有效。

当一家公司声称它的产品“销量最高”时，请你表示怀疑。这是个荒唐的说法。凭什么一种产品“销量最高”就应该更好呢？英国作家毛姆这样讲道：“就算有5 000万人声称某件蠢事是对的，这件蠢事也不会因此成为聪明之举。”

上一章的附言：俄国女皇卡塔琳娜二世有过大约40个情夫，其中20个是有名有姓的。

5 纠缠于沉没成本

你为什么应该忽视过去

电影很糟糕。一小时后我对妻子耳语说："走吧，我们回家吧。"她回答："肯定不行，我们不能白花30欧元买电影票。""这算不上什么理由。"我抗议说，"30欧元已经花掉了，你在纠缠于沉没成本。""你那没完没了的思维错误啊。"她说道。说到"思维错误"时她的嘴里好像含着什么苦涩的东西似的。

第二天召开营销会议。广告宣传的影响已经连续4个月远远低于预期了，我主张立即停止此事。广告部负责人用下列理由反驳我："我们已经投入了这么多钱做宣传，要是现在停下来，那些钱就全都打水漂了。"他也是在抓住沉没成本不放手。

一位朋友被一段问题恋情折磨多年。那女人一次次欺骗他。每当他逮住她时，她都后悔不迭地回来，恳求他的原谅。虽然再跟这个女人维持关系早就没有意义了，他还是一次次接受了她。

当我与他谈论此事时，他向我解释道："我在这段恋情中投入了那么多感情，现在离她而去是错误的。"这是典型的纠缠于沉没成本。

每个决定，不管是私人的还是业务上的，始终是在不确定的情况下做出的。我们的设想，有可能兑现，也有可能落空。任何时候我们都可能离开选取的小道，并承担后果，比如中断项目。这种不确定情形下的权衡是理性行为。然而，在我们已经投入特别多的时间、金钱、能量、爱等因素之后，沉没成本令人难以放手、难以释怀。于是已经投资的钱就成了继续做下去的理由，即使客观来看坚持下去毫无意义。投资越多，沉没成本就越大，将项目继续做下去的理由就越充分。

股市投资人经常成为沉没成本的受害者。他们在决定是否出售股票时常以买入价作为参照。当股价高于买入价时，就卖掉股票；如果股价低于买入价，就抱住不卖。这是不理智的，绝不可以让买入价处处扮演角色。唯一有效的是股市未来的前景（和可选投资未来的行情）。每个人都会出错，特别是在股市里。纠缠于沉没成本的不幸，其关键就是：你投资一只股票亏的钱越多，你越是抱紧它不放。

为什么会有这种荒谬行为呢？因为人类想努力表现得坚韧，坚韧是我们发出的可信信号。我们害怕矛盾。如果我们决定中断一个项目，我们就在制造矛盾：承认从前的想法与今天不同。继续执行一个无意义的项目是在推迟这一疼痛认识。那样我们就显得更坚韧。

协和式飞机是一个亏本的国有项目的典型例子。即使英、法两个合作伙伴早就认识到了，永远别指望超音速飞机的运营，他们还是继续投入巨资——只为了保住国家的脸面。放弃就等于投降。因此纠缠于沉没成本经常也被叫作协和式飞机效应。它不仅导致成本巨大，而且还会造成后果严重的错误决定。越南战争被延长的理由正是如此："我们已经为这场战争牺牲了这么多士兵的性命，此刻放弃将是错误的。"

"我们已经行驶了这么远……""我已经读了这本书的这么多页……""我已经花了两年时间接受这个培训了……"从这种句子可以看出，你是如此与沉没成本难舍难分。

有许多好理由支持你继续投资下去，但如果你只是因为舍不得已经做出的投资而决定继续做某件事，这就不是一个好理由了。理性的决定意味着忽视已经投入的成本。你已经投资了什么并不重要，唯一重要的是现在的形势及你对未来的评估。

义务

Die Kunst des klaren Denkens

6 互惠偏误

你为什么不该让别人请你喝饮料

几十年前，正值嬉皮士文化鼎盛时期，人们经常在火车站和飞机场遇见身裹粉红色长袍的克里希那教派的教徒。他们会给每位匆匆走过的行人赠送一小束花。这些教徒言语不多，只有一句问候、一个微笑，仅此而已。但即使人们觉得一小束花没多大用处，通常也会接受它——人们不想无礼。如果你拒绝接受这份礼物，你会听到他们温和地说："请收下吧，这是我们给您的礼物。"

当你在下一条巷子里将花扔进垃圾桶时，你会发现那里已经有几枝了。但事情并非到此结束。当你正在受良心的折磨时，一位克里希那派的教徒会主动上来与你搭话，要求你捐赠。这样做许多时候都成功了。这一募捐方式如此管用，因此许多飞机场都禁止这个教派的教徒进入。科学家罗伯特·西奥迪尼仔细调查了这一现象，发现人们几乎都不能忍受亏欠。

几年前一对夫妇邀请我和妻子去他们家吃晚饭。我们认识他们有一段时间了，他们和蔼可亲，但绝对不擅长交谈。我们想不出好借口拒绝，只得同意。果然，在他们家的那个夜晚无聊透顶。但我们还是觉得有义务，几个月后也邀请他们来家里做客。你来我往的强迫虽然带给了我们枯燥的夜晚，他们却显然不这么想，因为几星期之后他们又提出了一次邀请。我能想象，出于纯粹的互惠义务，很多人多年来定期相聚，虽然他们可能早就巴不得跳出这个恶性循环的怪圈了。

许多非政府组织都按克里希那教派的模式募捐——先赠予，然后索取。我曾收到一个自然保护组织寄来的信封，里面装满各种田园风光的精美明信片。附信中说，这些明信片是送我的礼物。不管我是否捐赠什么，我都可以保留它们。要将它们扔进垃圾桶当然需要一定的努力和冷漠。这种温和的敲诈，在经济界广为流行。例如一位螺丝供应商会邀请一位潜在的客户观看一场冠军杯赛。因为一个月后就是订购螺丝的时间了，不想亏欠的意愿如此强烈，客户屈从了。

互惠古来有之。它的基本含义是："我帮你，你帮我。"我们发现那些食物总量变化很大的动物之间都存在互惠。假定你是猎人，有一天运气好，猎杀了一头鹿。肉很多，你一天吃不完。当时还没有冰箱，于是你就与你的群体成员瓜分了这头鹿。这样，当你有一天运气不好时，你也可以从别人的猎物中获得好处。这是一种出色的生存策略。互惠是风险管理；没有互惠，人类——还有无数种动物——早就灭绝了。

互惠也有可恶的一面：报复。紧接着报复的是反报复，然后你就会陷入一种恶性循环中。耶稣曾经布道，要求将另一面脸也伸给攻击者，也就是打断恶性循环，但这是很难做到的，因为互惠这一理念已经在我们脑中顽固地存在了一亿多年。

最近，一个女人向我解释了她在酒吧里为什么不让别人请她喝饮料："因为我不想要这种跟他上床的潜在义务。"这样做很明智。如果下回在超市里有人主动跟你搭讪，让你品尝葡萄酒、奶酪、火腿或橄榄，你就知道你为什么最好是拒绝他了。

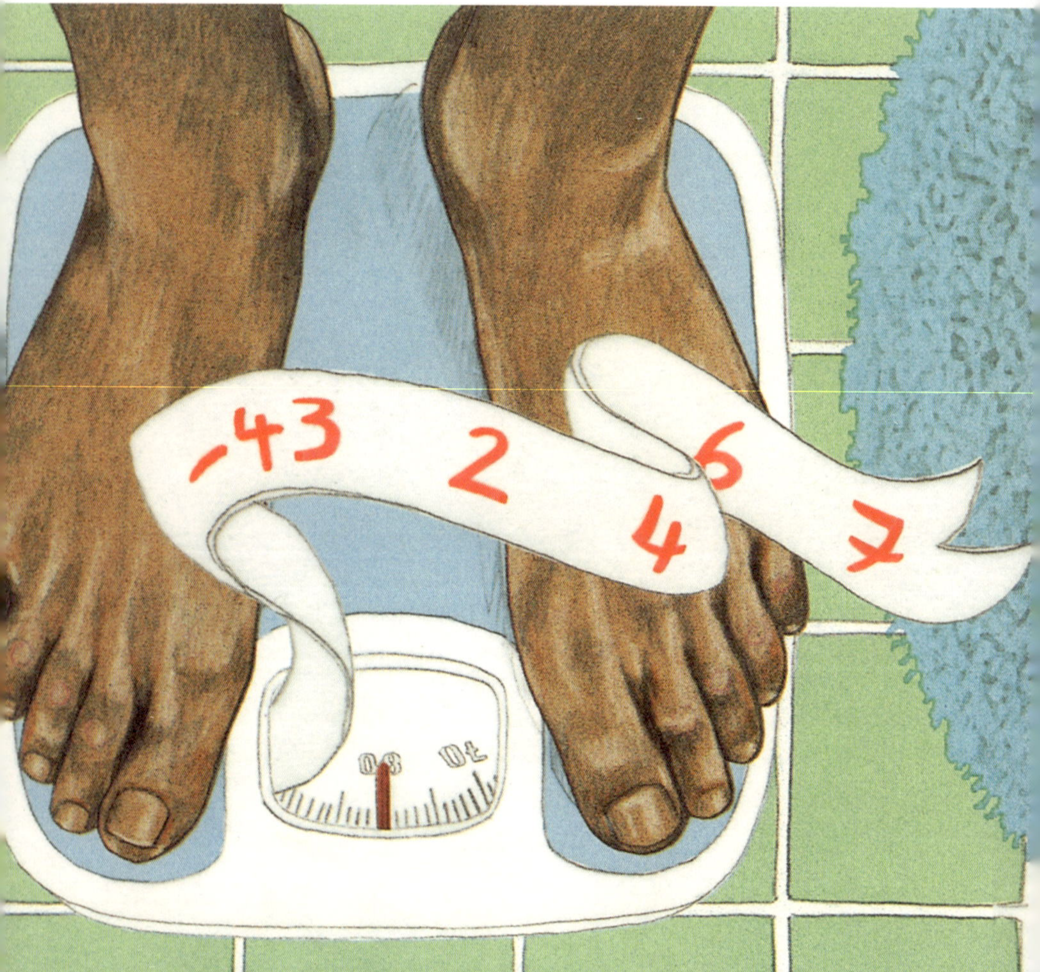
-43
2
6
4
7

Die Kunst des klaren Denkens

7 确认偏误之一

遇到"特殊情况"这个词，你要格外小心

盖勒尔想减肥。他食用某种减肥食品，每天早晨上秤称重。如果发现自己比昨天轻了，他会微微一笑，将结果归功于减肥成功。如果体重增加了，他视之为正常波动，将它忘记。他连续数月生活在这种幻觉中，认为某种减肥食品很管用，虽然他的体重基本保持不变。盖勒尔是确认偏误的受害者——以一种看似无害的形式。

确认偏误是所有思维错误之父——它倾向于这样诠释新信息，让它们与我们现有的理论、世界观和信念相兼容。换句话说：我们过滤掉与我们的现有观点相矛盾（因此被称作反驳证据，不过它缺少合适的德语表达）的新信息。这是危险的。赫胥黎说过："事实不因为被忽视而消失。"但我们恰恰是这么做的。投资大师沃伦·巴菲特也知道这一点，"人类最擅长这样过滤新信息，使现

有解释仍然成立”。很可能，巴菲特之所以这么成功，就是因为他了解确认偏误的危险，于是强迫自己换位思考。

在经济界，确认偏误特别猖獗。比如：董事会决定采取一个新战略，于是预示这一战略会成功的所有迹象都会受到热捧。不管你望向哪里，都会看到大量迹象表明它会成功。人们要么根本看不到对立的证据，要么干脆将它们作为“特殊情况”和“不可预见的困难”搁置一旁。董事会对反驳证据视而不见。

怎么办？遇到“特殊情况”这个词，更仔细地倾听是值得的。它的背后经常隐藏着很普通的反驳证据。你最好是像达尔文那样去做：他年轻时就习惯于系统地克服确认偏误。一旦他的观察与他的理论相矛盾，他就会特别认真地对待它们。他始终随身携带着一个笔记本，强迫自己在30分钟之内记录下与他的理论相矛盾的观察。他知道，大脑在30分钟后会主动“忘记”反驳证据。他对他的理论越坚定，他就会越发积极地寻找矛盾的观察。

下列试验表明了要怀疑自己的理论有多困难。一位教授让他的学生看一组数字：2、4、6，要他们找出其中的基本规则。教授将规则写在了一张纸的背面。他要求受试者说出下一个数字，教授要么回答“符合规则”，要么回答“不符合规则”。受试者可以想说多少个数字就说多少个，但规则只能猜一次。大多数学生说的是“8”，教授的回答是“符合规则”。为保险起见，他们还试了“10”、“12”和“14”，教授每次都回答“符合规则”。于是学生们得出一个简单的结论：“那么规则就是：在前一个数字的基础上加上2。”教授摇摇头：“写在纸背后的规则不是这样的。”

唯一一位头脑灵活的学生是用不同的方法破解这道题的。他试了“4”，教授说：“不符合规则。”“7 呢？”“符合规则。”这位学生又用各种数字试了一阵儿，“–24”、“9”、“–43”……他显然有个想法，并试图证明它不对。直到再也找不到反例了，他才说道：“规则是：下一个数字必须大于前一个。”教授将那张纸翻过来，上面正是这么写的。这位机智的学生与他的同学的区别在哪里呢？他的同学只想证明他们的理论是对的，而他试图证明他的理论是错的——有意识地寻找反驳证据。确认偏误如何影响我们的生活？且听下回分解。

Die Kunst des klaren Denkens

8 确认偏误之二

干掉你的宠儿

上一章我们认识了所有思维错误之父——确认偏误。这里再举几个例子。我们大家都被迫就世界、生活、经济、投资、事业等提出种种理论。没有假设不行，可一种理论越是模糊，确认偏误就越强。谁在生活中抱有“人是善良的”想法，他会找到这一理论的足够证明；谁在生活中抱有“人是邪恶的”想法，他同样也能找到足够证明。慈善家和愤世嫉俗者，双方都将过滤掉反驳证据（相反的证据），得到支撑他们世界观的大量证明。

占星学家和经济学家的行事原则也是一样。他们的说法如此含糊，它们像磁铁一样吸引证明，例如“接下来的几星期你会经历悲伤的瞬间”、“中期看，美元存在贬值压力”。什么叫作中期？什么是贬值压力？与什么比会贬值——黄金、日元、比索、小麦、柏林克罗伊兹贝格区的房产还是咖喱烤肠的价格？

宗教信念和哲学信念因其含糊性更是确认偏误的杰出温床，它在这里疯狂地滋生。信徒们一步步看到神存在的证明。神不直接现身——除了向沙漠里和偏僻山村里的文盲现身，从不出现在法兰克福或纽约这样的都市里——这表明确认偏误是多么强大，就连最有力的异议也被过滤掉了。

确认偏误对经济记者的影响之大非其他行业可比。他们常抛出一种廉价理论，再提供两三个“证明”，就算完成了一篇文章。比如：“谷歌如此成功，是因为这家公司拥有一种创造性文化。”于是记者就会去找出两三家同样有创造性文化并成功了（确认证据）的公司。但他不会努力去挖掘反驳证据，也就是找出那些提倡创造性文化却不成功的公司，还有那些成功了但没有创造性文化的公司。两种公司各有很多，但记者故意忽视它们。他若提到其中的一种，他的文章就会被扔进垃圾桶了。

成功指南和生活援助手册也是按照这个原则撰写的。摆上台面的都是最无聊的理论，比如：“冥想是开启幸福之门的钥匙。”聪明的作者当然有大量例子证明这一理论。相反，寻找反驳证据则是徒劳，即寻找那些未冥想而幸福的人和虽冥想却不幸福的人。有多少读者上了这种图书的当啊，真是可悲。

该死的是认识不到确认偏误。当然，我们不喜欢我们的信念被攻击得千疮百孔。但实际情况不是我们在我们的信念前竖起了一块挡箭牌，实际情况恰似对方在使用消音器朝我们射击：子弹落下，而我们听不到枪声。

互联网让我们很容易就能找到志同道合者。我们阅读支持我们理论的博客。新闻个人化使得相反的意见根本不会出现在我们的电脑屏幕上。我们越来越多地活动在思想一致者的社区里，这更加加深了确认偏误。

我们怎样才能保护自己呢？作家亚瑟·奎勒·库奇的一句话很有帮助：“干掉你的宠儿。”他的这句话是对那些经常舍不得删除漂亮但多余句子的作家们讲的。他的呼吁不仅适用于优柔寡断的作者，也适用于我们大家。

结论：请你与确认偏误做斗争。请你写下你的信条——有关世界观、投资、婚姻、健康预防措施、节食、成功策略的，然后寻找反驳证据。干掉自己最心爱的理论，这是一桩艰苦的工作，但作为聪明人士，你不会躲避的。

DIE KUNST DES KLAREN DENKENS

9 权威偏误

你为什么该藐视权威

如果不服从权威，会发生什么事？《圣经》第一章就说得明明白白：会被逐出天堂。各个领域的权威们——政治家、科学家、医生、首席执行官、经济学家、政府官员、体育评论员、企业顾问和证券大师们——也想让我们相信此事。

关于权威有两个问题。首先是令人警醒的跟踪记录。这个星球上有大约 100 万受过培训的经济学家，没有一位精确预言了金融危机发生的时间，更别说房地产泡沫的破裂、信用违约互换的瓦解直到通货膨胀引发的经济危机的顺序了。再没有哪个专家群体失灵得比这更惊人了。让我们再举一个医学界的例子：事实可以证明，在 1900 年之前，病人都不怎么去看医生，因为医生只会使病情恶化（由于当时卫生条件不够，医生只会采用放血和其他不当方法）。

其次，经常可以证明，权威也会出错。出错是人类的通病，但重要的是，面对权威我们会将独立思考调低一级。面对专家意见时我们往往会比面对其他意见粗心许多。还有，我们会服从权威，哪怕是在理性或道德上毫无意义的地方。这就是权威偏误。

年轻的心理学家斯坦利·米尔格拉姆1961年做了一个试验，将权威偏误揭示得一览无遗。试验时他请求一位受试者电击坐在玻璃窗另一侧的一个人，并逐渐增加电压。从15伏开始，然后是30伏、45伏，以此类推，直到几乎致命的450伏。即使受折磨的那个人痛得大喊大叫，浑身颤抖（事实上没有电流，那只是一位演员），受试者想中断实验，但只要米尔格拉姆平静地说“请继续，实验要求这样做”，大多数人都会继续做下去。半数以上的受试者将电压升到了最高——纯粹是在服从权威。

近几十年来，航空公司明白了权威偏误有可能造成危险。许多意外事故之所以发生，都是因为机长犯了错，副机长察觉了错误，但出于相信权威不敢指出来。大约15年以来，几乎所有航空公司的飞行员都接受了所谓的“机组资源管理”训练，学习坦率、迅速指出毛病。换句话说：他们训练自己努力摆脱权威偏误。

几十年后，许多公司纷纷向航空公司学习。特别是当有一位强势的首席执行官时，员工患上权威偏误的危险就更大，这对公司很不利。

专家们希望被人认出，为此他们必须用某种信号显示他们的身份。医生和研究人员是通过他们的白大褂，银行行长则是通过西服和领带。领带没有作用，它只是一种信号。国王们头戴王冠，军队中有军衔标志，基督教会里的权威信号更是明显。其他信号还有名人访谈的邀请、图书和其他出版物等。

任何时候都有不同的权威“流行”。有时是神职人员，有时是国王、武士、罗马教皇、哲学家、诗人、摇滚明星、电视制作人、互联网公司创始人、对冲基金经理、银行总裁。因此存在权威时，社会总是乐于跟从。如果权威们想跨界得到认真对待，将会引起混乱。比如，当一位职业网球运动员推荐咖啡机或一位女演员推荐治疗扁桃腺炎的药物时。有关这方面的更多内容请参见光环效应那一章。

不管什么时候遇到一位专家，我都会设法向他挑战。请你也这么做。你对权威的批判性越强，你就越自由，就越相信自己有更多的能力。

Die Kunst des klaren Denkens

10 对比效应

你为什么最好别找模特儿等级的朋友一起出门

罗伯特·西奥迪尼在他的《影响力》一书里介绍了希德和哈利两兄弟的故事。20 世纪 30 年代，他们在美国经营一家服装店。希德负责销售，哈利负责裁剪。每当希德发现站在镜子前的顾客真的喜欢一套西服时，他就会假装有点耳聋。当顾客询问价格时，希德就对他的兄弟喊："哈利，这套西服多少钱？"哈利就从他的裁剪台上抬起头，回答说："这套漂亮的棉质西服 42 美元。"这价格在当时高得离谱。希德假装他没听懂似的又问："多少钱？"哈利重复那个价格："42 美元！"希德听完后向他的顾客转过身来说："他说 22 美元。"那位顾客听到后就赶紧将 22 美元放到桌上，抢在可怜的希德发觉"错误"之前，带着昂贵的衣服匆匆离去。

你在学生时代可能做过以下实验：你拿来两只桶，在第一只桶里倒进温水，在第二只桶里倒进冰水。你先将右手插进冰水里一分钟，然后将两只手同时插进温水里。你有什么感觉？左手感觉水是温的，右手却感觉水是烫的。

希德和哈利的故事与水的试验都是建立在对比效应的基础上：当我们同时面对某种难看、便宜、小的东西时，我们就会判断出另一种东西更漂亮、更贵、更大。我们很难做出绝对的判断。

对比效应是常见的思维错误之一。你会为你的新车订购真皮车座，因为你觉得 3 000 欧元相对于 6 万欧元的车价来说只是笔小钱。所有靠销售装潢用品生存的部门都在玩弄这一把戏。

但对比效应在别处也有效。试验表明，为了节约 10 欧元，人们会走 10 分钟的路去购买一种食物。可是，如果能在街道另一端花 979 欧元而不是 989 欧元买一套西服，谁也不会想到要去走这 10 分钟的路。这是一种非理性的行为，因为 10 分钟还是 10 分钟，10 欧元还是 10 欧元。

没有对比效应，就完全无法想象打折生意。一种从 100 欧元降到 70 欧元的产品，会显得比一直就卖 70 欧元的产品更便宜。而事实上最初的价格根本无关紧要。不久前一位投资者对我说："这只股票便宜，因为它只有最高价的 50%。"我轻轻摇摇头。股票价格永远不会"低"或"高"。它是怎么样就是怎么样，唯一值得考虑的是它从这一刻起是会涨还是会跌。

我们就像鸟儿听到枪声一样会对对比做出反应。我们扑翅飞起，很快行动起来。不利的一面是，我们发觉不到逐渐发生的小变化。魔术师能够偷走你的表，是因为他对你身体的另一部位使劲用力，让你根本注意不到你手腕上的轻微接触。我们同样不会注意我们的钱是如何消失的。它的价值不断下跌，但我们发觉不到，因为通货膨胀是逐渐发生的。假如它以无情的税收形式让我们承担——原则上是这样的——我们就会发怒。

对比效应有时能够毁掉你的整个生活：一个漂亮女人嫁给了一个相当普通的男人。为什么？因为她的父母都很厉害，她觉得普通男人更好，虽然他实际上并没有那么好。最后：在超级名模的广告轰炸下，就连漂亮女人都会觉得自己魅力一般。因此，如果你是女人，想找一个男人，你千万不要让你的模特儿等级的朋友陪你一起出去。男人会因此发觉不到你的真实魅力。你独自去就好。更好的办法是：你带上两个比你难看的朋友去参加舞会。

LONDON

Die Kunst des klaren Denkens

11 现成偏误

你为什么宁可用一张错误的地图，也不愿没有地图

“他终生吸烟，每天 3 盒，却活到了 100 多岁。因此吸烟的危险不可能有多大。”“汉堡是安全的。我认识一个人，他住在白沙岛[①]中部，他从不锁门，哪怕出去度假都不锁门，他家还从未失窃过。”这些话是想证明某种东西，但它们其实什么也证明不了。这么讲话的人，就是犯了现成偏误。

首字母是R的德语单词要比结尾字母是R的多吗？答案是，结尾字母是R的德语单词要比首字母是R的多两倍以上。为什么这个问题大多数人都会答错呢？因为我们会更快地想起以R为首字母的单词。换个说法：它们更现成。

① 德国汉堡城北的一个区。——译者注

现成偏误是指：我们依据现成的例子来想象世界。这当然是愚蠢的，因为外界现实中的某种东西不会因为我们更容易想到而出现得更频繁。

由于现成偏误，我们的脑子里总有一张错误的风险卡。于是我们系统性地高估了因飞机坠毁、汽车事故或谋杀而遇难的风险。我们低估了因为糖尿病或胃癌这样不太能引起轰动的方式死亡的风险。炸弹袭击要比我们认为的少得多，抑郁症则要常见得多。壮观、华丽或大声的一切，我们都高估了它们出现的概率。而无声、无形的一切，我们都低估了它们出现的概率。因为我们的大脑更容易接受壮观、华丽或大声的东西。我们的大脑是剧本式思维的，而不是量化思维的。

医生们更是常沦为现成偏误的牺牲品。他们有他们最喜欢的疗法，用它们治疗所有可能的病例。虽然有可能存在更合适的疗法，但在他们的思想里是不存在的。因此他们总是采用自己熟悉的方法。企业顾问们也好不到哪儿去。如果遇到一种新形势，他们不会双手交叉在头顶上，叹息说："我实在不知道我能向你提供什么建议。"相反，他们会启动一个他们熟悉的顾问程序——不管它合不合适。

某种东西重复出现，我们的大脑就很容易重新提取它。它并不一定是真的。纳粹领导人不就是经常重复"犹太人问题"，直到大众坚信存在一个严肃的问题吗？你只需要足够经常地重复"不明飞行物"、"生命能量"或"轮回"这些词，人们就会相信它们。

现成偏误的蠕虫深深地钻在董事会的沙发椅里。这些大人物只讨论管理层呈送给他们的东西——大多是季度数据——而不讨论管理层未呈送但更重要的事情，比如如何巧妙地将竞争对手一军，如何更好地应对员工积极性的下降或客户行为的某种意外变化。我多次观察到：人们都是先使用现成的数据或配方。他们在这个基础上作决定——结果经常是灾难性的。例如：10 年前人们就知道，用所谓的期权定价模型公式确定衍生金融产品的价格是行不通的。但没有别的公式。因此人们聊胜于无，宁可使用一个错误公式。“波动率”也一样。用它测量一种金融产品的风险是错误的，但它是现成的。于是现成偏误给银行造成了巨额损失。这就好像你身在一座没有地图的陌生城市里，但你口袋里有另一座城市的地图，于是你就使用了那张地图。你宁可用一张错误的地图，也不愿没有地图。

弗兰克·西纳特拉曾经怎么唱来着？“噢，我的心狂跳不已，皆因你在这里。我若不在我心爱的女孩身旁，我就爱我身旁的女孩。”这就是绝对的现成偏误。应对办法：请与跟你想法不同的人合作，跟那些与你拥有截然不同经验的人合作。因为你独自战胜不了现成偏误。

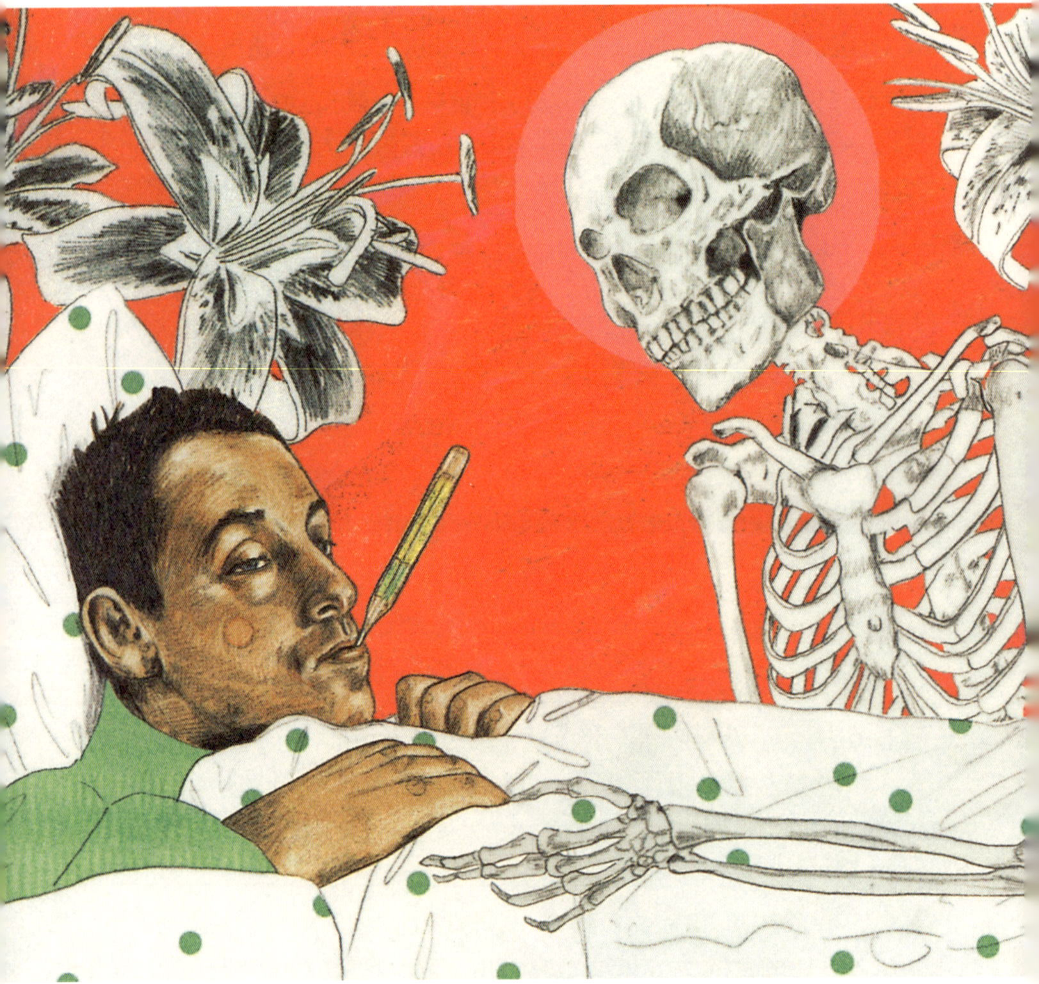

Die Kunst des klaren Denkens

12 “在好转之前会先恶化”的陷阱

如果有人建议你选择一条“先经历痛苦的道路”，你应该敲响警钟

几年前我在科西嘉岛上度假时生病了。那些症状是我不熟悉的，疼痛与日俱增，最后我决定去检查一下。一位年轻的医生开始对我视触叩听，在我的肚子上按来按去，然后按肩、按膝。他一个椎骨一个椎骨地摸。我渐渐感到他不懂医术，但又不敢肯定，只好听任他折腾我。检查结束后，他掏出笔记本，说：“你需要吃抗生素。每次一粒，每日三次。在你的病情好转之前，会先恶化。”我很高兴有了一个检查结果，就拖着疲惫的双腿返回了酒店房间。

疼痛果然加剧了。看来那位医生知道他在讲什么。当三天后痛苦依然不减时，我打去电话。“请将剂量提高到每日 5 次，还会疼一阵子的。”他说道。我按要求做了。又过了两天，我打电话给

急救中心。瑞士医生查明是盲肠炎，立即给我做了手术。“见鬼，你为什么等了这么久？”术后他问我。“病情变化完全符合预测，因此我信赖那位年轻医生。”“你成了‘在好转之前会先恶化’的陷阱的受害者了。那位科西嘉的医生一窍不通，估计是个临时护理人员，旅游旺季时在所有旅游区都会遇到像他这样的人。”

我们再举个例子，有一位首席执行官，他的公司营业额跌到冰点，营销人员毫无积极性，营销活动屡屡无效。绝望中他聘请来一位顾问，请这位顾问分析公司的情况，费用为每天 5 000 欧元。顾问检查后得出这样一个结论：“你的销售部门缺乏想象力，你的品牌定位不明确，形势棘手。我可以为你纠正过来，但不可能一蹴而就。问题错综复杂，需要慢慢解决。在好转之前，营业额还会下滑。”首席执行官聘用了这位顾问。一年后营业额果然下滑了。第二年也是。顾问一再强调，公司的发展正好符合他的预测。当三年之后营业额继续不见起色时，首席执行官终于解聘了这位顾问。

“在好转之前会先恶化”的陷阱是确认偏误的一种变体。使用这个花招大大有利于一个对专业一窍不通或对事情没有把握的专业人员。如果情况继续走下坡路，就证明了他的预言是正确的。如果情况意外地回升了，客户开心，专业人员则可以将好转归功于他的能力。不管怎样——他总是对的。

假设你将成为一名州长，但你对如何领导这个州一窍不通。你会怎么做呢？你预言将有“艰难的几年”，要求你的同胞们“勒紧裤腰带”，你许诺等“清洗”、“除渣”、“改组”的“棘手阶段”

结束后形势就会好转。而你有意不涉及：低谷会有多长、多深。

宗教为这一策略的成功提供了最好的证据。据说，在天堂降临地球之前，世界必须毁灭。灾难、大洪荒、火灾、死亡——它们必然会发生。信徒们会认为情形的任何恶化都是证明了预言，而每一好转都是上天的馈赠。

结论：如果有人说：“在好转之前会先恶化”，你脑子里就应该敲响警钟。不过请小心：确实有那样的情形，先是再次下滑然后回升。事业的转换可能会耗费时间，会造成停发工资。一个企业的重组也需要一定的时间。但所有这些情况，人们很快就能看出措施是否有效。里程碑是明确的，是可以检测的。请你望着里程碑，而不是望着天空。

桥梁垮塌
倒霉蛋的故事

Die Kunst des klaren Denkens

13 故事偏误

为什么就连真实的故事也是骗局

瑞士作家马克斯·弗里施曾经说道：“我们尝试编故事，就像人们喜欢试穿衣服。”

生活紊乱，比麻线团还乱。请你设想有一个隐形火星人，手里拿着同样隐形的笔记本走在你身旁，记下你所做、所思、所梦的一切。你的生活备忘录由“喝了咖啡，加了两块糖”、“踩了一颗钉子，诅咒世界”、“梦到自己吻了女邻居”、“预订了去马尔代夫休假，贵死了”、“耳朵里有毛，立即拔掉了”等组成。我们将这些乱七八糟的细节编成一个故事，就像将我们的生活编成一根绳，让我们可以顺着它往前走。许多人认为这根绳很有“意义”。

我们也是这么对待世界史细节的。我们将它们强行编成一则没有矛盾的故事。结果如何？结果是，我们突然“理解”了为什么《凡尔赛条约》会导致第二次世界大战，或格林斯潘的宽松货币政策为何会导致雷曼兄弟公司的破产。我们理解了，为什么铁幕必须降临（冷战开始），或《哈利・波特》为什么会成为畅销书。我们叫作“理解”的东西，当时当然没有人理解过。根本没有人能够理解。“意义”是我们事后虚构的。因此故事是个值得怀疑的东西——可看样子我们不能没有故事。为什么不能？不清楚。清楚的是，在开始科学思维之前，人们先是通过故事解释世界的。神学比哲学更古老。故事偏误是指：用故事扭曲和简化现实，它们排斥不合适编进故事的一切。

在媒体里，故事偏误像瘟疫一样肆虐。例如：一辆汽车驶过一座桥，桥突然垮塌了。我们第二天会在报纸上读到什么？我们会读到倒霉蛋的故事，他坐在汽车里，他从哪里来，要驶去哪里。我们会获悉他的生平：生在某处、长在某处、职业是什么。如果他幸存下来，能够接受采访，我们会准确地听到当桥轰然倒塌时，他是什么感觉。荒唐的是，这些故事没有一个是重要的。因为重要的不是那个倒霉蛋，而是桥梁设计。问题具体是出在哪里？是因为材料老化吗？如果是，是哪里的材料？如果不是，是桥受损了吗？那么桥是怎么受损的？会不会是使用了一种从根本上错误的设计原理？所有这些重要问题的麻烦是：不适合将它们编进一则故事里。我们喜欢听故事，不喜欢听抽象事实。这是一种不幸，因为为了不重要的方面，重要方面被忽视了。（这同时也是一种幸运，否则就只有非小说类图书，而没有小说了。）

下列故事你更容易记起哪一则呢？故事一：“国王死了，然后王后也死了。” 故事二：“国王死了，随后王后伤心死去。”如果你与大多数人一样，你会更容易记住第二则故事。因为在这里两次死亡不是简单地先后发生的，而是有着情感联系的。故事一是事实报道，而故事二更有“意义”。按照信息理论，本来故事一应该更容易被记住，因为它更短。可我们的大脑并不是这样理解的。

讲述一则故事的广告，比理性地罗列产品优点的广告效果更好。事实上，产品的故事只是附带物，可我们的大脑不是这样运转的。它要听故事。谷歌在 2010 年美国“超级碗”节目中插播的广告出色地证明了这一点。在 YouTube 视频分享网站上输入“谷歌巴黎之爱”就可以找到这则广告。

结论：从自传到世界大事——我们将一切炮制成有“意义”的故事。我们这样做是在扭曲真相——这会影响我们决定的质量。应对方法：请你将这些故事拆解开来。请你问问自己：这些故事想隐藏什么？训练方法：请你设法用无关联的眼光看看自己的生平，你会吃惊的。

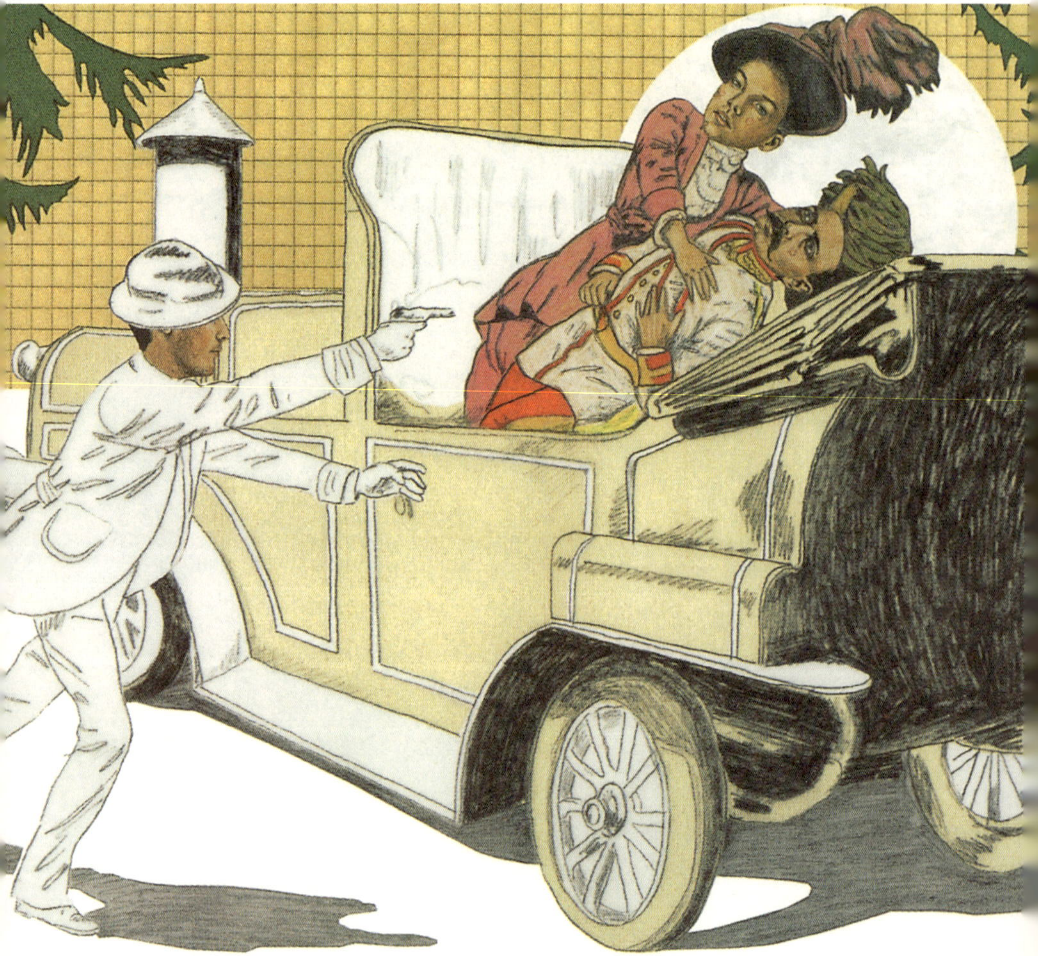

14 事后诸葛亮偏误

Die Kunst des klaren Denkens

你为什么应该写日记

我发现了我舅公的日记。1932 年，他从伦茨堡移居巴黎，去电影界碰运气。1940 年 8 月——在德军占领巴黎一个月之后，他在日记中写道："这里的所有人都预料德军在年底前后又会撤走，德国军官也向我证明了此事。英国会像法国一样快速沦陷，然后我们将最终重新恢复我们的巴黎生活——虽然是作为德国的一部分。"

今天，任何人翻开有关"二战"的历史书，面对的都将是一个完全不同的历史。法国被占领了 4 年，这似乎更符合一种战争逻辑。回顾过去，战争似乎是最可能发生的。为什么呢？因为我们是事后诸葛亮偏误（英语叫作"hindsight bias"）的受害者。

今天，任何人重读 2007 年的经济预测，都会惊讶于当时专家们对 2008~2010 年前景的展望有多么乐观。一年之后，2008 年，金融危机爆发了。问到金融危机的起因，还是那些专家们今天会给出相同的答案：格林斯潘统治下货币的泛滥、资金放贷的宽松、腐败的信贷评级机构、随意的自有资本规定等。回顾之下金融危机的发生似乎完全符合逻辑，是不可避免的。可没有一位经济学家——全世界的经济学家有近百万名——预言到了它的准确发展。相反，很少有哪个专家团体会这么深地落入事后诸葛亮偏误的圈套。

事后诸葛亮偏误绝对是最顽固的思维错误之一，可以恰如其分地称为“我早知道现象”，即事后回顾时一切都显得是可以理解的、不可避免的。

事后回顾时，一位靠幸运获得成功的首席执行官，对他的成功概率的估计要远远高于客观估计。评论员们事后发现罗纳德・里根在 1980 年总统选举中大败吉米・卡特是可以理解的，是必然的——虽然直到第二次投票选举日前几天他们还不分胜负。今天，经济记者们写道，谷歌的成功是不可逆转的——虽然如果有人在 1998 年预测这家网络企业将有如此辉煌的未来一定会遭到他们的嘲笑。还有一个特别明显的例子：事后看来，1914 年萨拉热窝的一枪会在接下来的 30 年彻底改变世界，夺去 5 000 万条人命。但在当年，1914 年，却没有人担心过这种事。它听起来太荒唐了。

事后诸葛亮偏误为什么这么危险呢？因为它让我们相信自己是很好的预言家，而事实却不是这样。这会导致我们傲慢，误导我们做出错误的决定。在私事上也是如此。“你听说了吗？西尔维娅和克劳斯分道扬镳了。他俩差别那么大，不分手才怪。”或者：“他俩实在是太相似了，不分手才怪。”又或者：“这两人老黏在一起，不分手才怪。”再或者：“他们几乎难得见面，不分手才怪。”

与事后诸葛亮偏误做斗争并不容易。研究表明，知道这种偏误的人，也常像其他所有人一样掉进它的陷阱。

但我还有一个建议，这建议更多是来自个人经验而不是科学：请你记日记。请你写下你的预测——有关政治、事业、体重、股市等。请你不时地拿你的记载与实际情况相比较。你会惊讶你是个多么糟糕的预测家。另外，请你也同样读历史。不是事后的、成熟的理论，而是那个时代的日记、剪报、备忘录。这会让你更好地感觉到世界的不可预见性。

P(v,T)
dS = dQ/T

Die Kunst des klaren Denkens

15 司机的知识

你为什么不可以把新闻播音员说的话当真

马克斯·普朗克于1918年荣获诺贝尔物理学奖，之后他在全德国作巡回报告。不管被邀请到哪里，他都会就新的量子力学演讲一番。他的司机渐渐对他的报告烂熟于心。“普朗克教授，老作同样的报告，你一定觉得无聊。我建议，在慕尼黑由我代你作报告，你坐最前排，戴上我的司机帽。让咱俩换换花样。”普朗克兴致盎然，欣然同意。于是司机为一群专家级听众作了一番有关量子力学的长篇报告。之后，一位物理学教授举手提问。司机回答说：“我压根儿没想到，在慕尼黑这样先进的城市里还会有人提出这么简单的问题。请我的司机来回答这个问题吧。”

查理·芒格是全球最优秀的投资家之一，普朗克的故事我就是从他那里听来的。他认为知识有两种：一种是真知识，来自那些投入大量时间和思考以获得知识的人们；另一种就是司机的知识，按芒格故事里的意思，司机是指那些装得好像他们知道的人。他们会模仿别人表演，他们也可能拥有动听的声音或具有说服力的形象。但他们传播的知识是空洞的，他们高谈阔论地挥霍着华丽词汇。

可惜越来越难将真知识与司机的知识区分开来。在新闻播音员身上还算简单，他们是演员，仅此而已。这一点人人都知道。但人们对这些“套话大师”是那么尊敬，这一点让人讶异不已。人们付给他们很多钱，邀请他们主持他们几乎力不从心的调查和访谈节目。

这种区分在记者身上就困难一些。他们中的有些人确实掌握着扎实的知识，多是学习了很长时间的学生，或是那些长年专门研究某个领域的记者。他们真正努力理解和描绘一个复杂的事实。他们倾向于长篇大论，阐明多个事件和例外。

可惜多数记者都属于司机范畴。他们变魔术似的会在最短的时间内从帽子里变出任意一篇内容的文章，或者，说得更准确些——从互联网里。他们的文章只有一页，简短、诙谐，经常是作为他们的司机知识的补偿。

一家企业越大，人们就越期望它的首席执行官具有表演才能——所谓的交际能力。一个安静、固执但可靠的创造者是不行的，至少不能担任最高领导。股东和经济记者们显然相信，一个擅长宣传的人会带来更好的结果——实际上当然不是这么回事。

查理·芒格的合作伙伴沃伦·巴菲特使用了一个美妙的概念：“能力范围”。在这个范围之内的，人们都像专家一样精通；

在这个范围之外的，就不懂或只懂一部分。巴菲特的生活信条是："请认清你的能力范围，并待在里面。这个范围有多大，并不重要。重要的是知道这个范围的界线在哪里。"查理·芒格重复说："你必须找出自己的才能在哪里。我几乎可以向你保证，如果你必须在你的能力范围之外碰运气，你的职业生涯将会非常糟糕。"

结论：请你不要信任司机的知识。请你不要将公司新闻发言人、爱出风头的人、新闻播音员、唠叨鬼、花言巧语者、爱说闲话的人与一个真正有知识的人搞混。你怎么能区分出来呢？这里有个明确的信号。真正有知识的人知道他们知道什么，也知道他们不知道什么。这类人一旦来到他的"能力范围"之外，他要么什么也不说，要么就说"我不知道"。他这么说时不会觉得难为情，甚至还会带着一定的骄傲。而从"司机们"那儿，你别的什么话都能听到，就是听不到这一句。

16 控制错觉

Die Kunst des klaren Denkens

你实际控制的少于你以为的

每天上午快9点时，一个头戴红帽子的男人就会站在一座广场上，疯狂地将帽子挥来挥去。5分钟后他又消失了。有一天一位警察走到他面前："你到底在做什么？""我在驱赶长颈鹿。""这儿没有长颈鹿。""没错，这正是因为我干活干得好。"

一位朋友腿骨折了，被绑在床上，他请我去邮局为他买张彩票。我圈了6个数字，在上面写下他的名字，付了费。当我将彩票复印件递给他时，他粗暴地说："你为什么帮我填好了彩票？我本来想自己填的。你填的数字我肯定什么也赢不到！""你真以为，你能通过亲手圈数字在某种程度上影响那些球吗？"我回答道。他茫然不解地望着我。

在赌场里，当人们想要一个大数字时，大多数人会尽可能使劲地掷色子；当人们希望得到一个小数字时，他们会尽可能掷得温柔。这自然与球迷们的手势和脚部动作一样没有意义。球迷们那么做，好像他们真能干预比赛似的。许多人都存有这样的幻想：他们想靠传播正能量影响世界。

控制错觉是指：相信我们能够控制或影响某种我们客观上无法控制或影响的东西的倾向。这是詹金斯和沃德两位研究人员在1965年发现的。试验规则很简单：两只开关和一盏灯，灯或开或关。詹金斯和沃德可以调节开关和灯光互相制约的强度。即使是在灯纯属偶然地开、关的情况下，受试者也坚信，按开关能够在某种程度上影响灯。

一位美国科学家将人们关在一间音响室里，不断提高音量，直到受试者表示拒绝，以此调查人们对噪音的疼痛承受程度。有两间音响室，A音响室和B音响室，它们一模一样，只有一个区别：B音响室的墙上有个红色的紧急按钮。结果呢？B音响室里的人们承受的噪音明显要大得多。可笑的是，那个紧急按钮根本不管用。错觉本身足够提高人们承受疼痛的极限。如果你读过亚历山大·索尔仁尼琴、维克多·弗兰克尔或普里莫·利瓦伊的作品，这个结果就不会让你感到意外。能够稍许影响自己命运的错觉能够让犯人有勇气活下去。

在曼哈顿横穿街道时，人们会按一个红绿灯按钮。事实上他们按的是个不起作用的按钮。那为什么还要有这个按钮呢？就是为了让行人们相信，他们能影响信号控制器。事实证明，这样他们就能更好地忍受在红绿灯前的等待。许多电梯里的“开门、关门”按钮也是这样的，它们与电梯控制器其实并不相连。科学里称它们为“安慰按钮”。还有大办公室里的空调温度调节开关：有人觉得太热，另一些人觉得太冷。聪明的工程师会利用控制错觉，在每一层楼都安装一个假的温度调节按钮。这样一来，投诉的数量明显减少了。

央行行长和经济部长也常常使用“安慰按钮”的伎俩。这些按钮是不起作用的，日本人20多年前就看出来了，美国人是近几年才看出来的。但我们听任他们这么做，他们也继续这么做着。承认世界经济是个基本上无法操纵的系统，对所有参与者都是无法忍受的。

那么你呢？你控制了你的生活吗？你实际控制的很可能比你以为的要少。你别以为自己是那个淡泊地克制自己的马尔克·奥莱尔，你更像是那个戴红帽子的男人。因此，请你将注意力集中于你真正能影响的少量东西——坚定不移地只关注其中最重要的那些。其他的，听之任之吧。

Die Kunst des klaren Denkens

17 激励过敏倾向

你为什么不该按实际开销付钱给你的律师

河内的法国殖民政府曾经颁布过一条法令：人们每交出一只死老鼠，政府就给他发钱。政府这样做本是想控制鼠灾，但这条法令却导致人们养殖老鼠。

1947 年，当死海的卷轴被发现时，考古学家们悬赏收集每一张新发现的羊皮纸手稿。结果，为了增加手稿数量，那些羊皮纸被撕碎了。同样的事也发生在 19 世纪的中国，当悬赏征购恐龙骨时，农民们会将挖出的完好恐龙骨砸碎，再去领赏。

一家企业的董事会向管理层承诺，一旦实现一个目标就颁发一份特殊津贴。结果如何呢？经理们将更多的精力用来商定尽量多的目标，而不是思考如何让企业赚钱。

这是激励过敏倾向的例子。它先是说明了一个平庸的事实：人们会对激励机制做出反应。这不奇怪。人都会做对自己有益的事情。令人吃惊的是两个次要方面：第一，一旦有激励加入游戏或改变了激励，人们就会迅速而剧烈地改变自己的行为；第二，人们是对激励做出反应，而不是对激励背后的目的做出反应。

好的激励机制会将目的和激励联系起来。举个例子：在古罗马，当一座桥竣工通行时，工程师必须站在桥拱下。这种机制相当好，会鞭策工程师将桥建得足够稳固。相反，差的激励机制则与目的不符，甚至有损目的。所以，一般来说，对一本书的审查会让书的内容更好；而银行职员，如果他们每签署一份贷款合同就能得到钱，那么他们就会堆积很多糟糕的贷款文件。

你想影响人们或组织的行为吗？那你可以通过价值观和愿景进行说教，但通过激励似乎总是更简单。这些激励不必是货币，从学分到诺贝尔奖再到未来生活的特殊待遇，什么都可以。

我很长时间都在问自己，在中世纪盛期，为什么精神健康、以贵族为主的人们会跃上战马，参加十字军东征？前往耶路撒冷的艰难骑行会持续至少6个月，才能穿越敌人的危险地带。所有这些，参与者都是知道的。那他们为什么还要这样冒险呢？就是因为激励机制。如果活着回来，他们可以保留战利品；如果死去，他们会作为殉难者前往彼岸——带着殉难者身份应有的所有好处。这是一件稳赢不输的事。

按实际开销付钱给律师、建筑师、咨询师、会计师或驾校老师是愚蠢的。这些人受到激励，就会尽可能多花钱。因此请你事先约定一个固定价格。专科医生总想尽可能全面地为你治疗和动手术——即使没那个必要。投资顾问乐于向你“推荐”任何金融产品，因为他们会得到一份销售佣金。企业家和投资银行家的生意计划没有价值，因为这些人参与金融交易的直接利益。古老的谚语怎么说来着？“千万别问理发师你是否需要理发。”

结论：请小心激励过敏倾向。如果你对某个人或某个组织的行为感到吃惊，请你想想，那后面隐藏着什么激励机制。我保证，你可以这样解释90%的行为。激情、精神疾病、心理障碍或恶意最多占到10%。

投资大师查理·芒格走进一家渔具店，突然在一个支架前停下，拿起一只一闪一闪、引人注目的塑料鱼饵，问店主：“请问，鱼类真的会喜欢这种东西吗？”店主笑笑：“查理，这玩意儿我们可不是卖给鱼的。”

18 回归均值

医生、顾问、教练及心理治疗师的作用令人怀疑

有位男士经常背痛，疼痛时强时弱。有时他觉得自己充满活力，有时他几乎动弹不得。每次碰上这种情况——幸好很少——他妻子就会开车送他去找心理治疗师。每次这样做的第二天，他就明显好多了。于是他逢人就推荐他的心理治疗师。

另一个年轻人，高尔夫球打得非常好，他逢人便夸他的高尔夫球老师。如果某天他的球打得糟糕，他就去这位老师那儿学上1小时，下回他就又打得很好了。

第三个人是一家著名银行的投资顾问，他发明了一种“雨舞”。每当他在交易所的表现下滑时，他就在卫生间里跳“雨舞”。不管跳舞时他觉得自己有多荒谬，这支舞都是必须跳的：事实证明，他在交易所的表现好转了。

将以上三个人联系在一起的其实就是回归均值。

假定你正在经历一次破纪录的严寒，接下来的几天气温就极有可能回升——朝着月度均值的方向。每逢酷暑、干旱和雨季时也是这样，气候会围绕一个均值波动。这同样适用于慢性疼痛、高尔夫球成绩、股市业绩、恋爱运气、主观舒适感、职场成功、考试分数等。总之，剧烈的背痛很有可能不用找心理治疗师也会减弱；高尔夫球成绩不用额外上课也会重新变好；那位投资顾问的表现不用跳“雨舞”也会移向均值。

极端成绩与不太极端的成绩总是来回交替。已经连续3年表现优异的股票几乎不可能在接下来的3年继续走强。因此许多运动员在比赛取得好成绩，并因此登上报刊头版后心中往往会产生恐慌的情绪：潜意识中他们预感到，下回比赛时他们可能再也不会取得这一最高成绩了——这当然与头版毫无关系，而是与他们成绩的自然波动有关。

以一位企业地区负责人为例，他将员工中最不积极的3%送进一个激励培训班，想以此来促进企业员工的积极性。结果呢？当他下回调查时，这3个人不是都在最不积极的3%里了——其他人取而代之。这就说明培训有用了吗？很难说，因为这些人的积极性不用培训可能也会围绕他们个人的均值摇摆。抑郁症患者的情况也类似，离开医院时他们的抑郁程度通常都减轻了。不过，很有可能，这与住院毫无关系。

还有一个例子：在波士顿，测试成绩最差的学校要接受一个复杂的学习提升项目。次年这些学校不再是成绩最差的了——国家监督机构就将这一好转归功于该项目，而不是自然的回归均值。

忽视回归均值，可能会造成严重后果：比如老师（或经理）会得出结论，处罚比夸奖更有效。因为通常考试成绩最优秀的学生会受到夸奖，最差的则会遭到处罚。而在下次考试中——纯随机地——可能就会是另一些学生处于成绩最高和最低的位置。老师因此得出结论：处罚有效，夸奖有害。这当然是一个谬论。

结论：当你听到诸如“我病了，去看医生，现在我好了，因此是那位医生帮助了我”或“这一年公司业绩很糟糕，我们请了个顾问回来，现在业绩恢复正常了”的话时，很有可能就是回归均值在起作用。

Die Kunst des klaren Denkens

19 公地悲剧

为什么理性的人不去诉诸理性

请你设想有一块肥沃的土地，一座村庄的所有农民均可使用。可以预料，每个农民都会将尽量多的奶牛赶到这块土地上去放牧。只要没有人偷猎、没有疾病蔓延，这件事就行得通，简言之：只要奶牛总数不超过一定数量，也就是土地不被剥削殆尽即可。可是，一旦事情不是这样，公地的美丽想法就会突转为悲剧。作为理性的人，每个农民都试图将他的利润最大化。他心想："我要是再多将一头奶牛赶去公地，我会得到什么好处呢？"他可以得到多出售一头奶牛的额外好处。多一头奶牛造成的过度放牧的害处由所有人承担，单个农民承担的损失极小。所以从他的角度看，将更多的奶牛赶到公地上去放牧是理性的。于是再来一头、再来一头，直至公地被毁掉，这就是公地悲剧。

公地的真实意义是一处公共场所，希望通过教育、启蒙、信息宣传、呼吁“社会责任感”、教皇训谕或摇滚明星的布道从根本上解决公地悲剧是不可能的。如果有人真想解决公地问题，只有两种可能：将公地私有化或加强管理。具体地说，就是将这块沃土交到私人手里，或封住草地的入口。比如管理，就意味着由国家制定规则：也许是收取使用费，也许是进行时间限制，也许是根据眼睛的颜色（或眉毛、奶牛的颜色）来决定谁享有优先使用权。

私有化是较为简单的解决方法，但加强管理也有据可援。为什么这两者做起来这么难呢？为什么我们总是沉湎于公地的想法呢？因为我们还没有为解决这一社会难题做好准备。原因有二：第一，在整个人类的发展史上我们几乎一直拥有无限的资源可供支配；第二，一万年来我们都生活在一个 50 人左右的小群体里。彼此间相互认识，如果有人只考虑自己的好处，滥用公众利益，就会被发觉，并遭到最严厉的惩罚——失去名誉。在小范围内，道德的制裁至今还有效（虽然没有警察在场，我也不会在聚会中将我朋友们的冰箱洗劫一空），但在一个匿名社会里道德就没那么管用了。

凡好处归个人而成本由集体承担的地方，就潜伏着公地悲剧：二氧化碳的排放无度、乱砍滥伐树木、水污染、灌溉无节制、无线频率的过度使用、公用厕所的脏乱差、太空垃圾不回收、“大而不倒”的银行等。但这并不是说，自利的行为是绝对不道德的。将多一头奶牛赶去公地的农民不一定是悲剧制造者。这个悲剧只有当群体超出 100 人左右、我们到达了系统再生能力的极限时才会出现。显然，我们将越来越多地遇到这个问题。

公地悲剧本是亚当·斯密的“无形的手”的对立面。特殊情形下市场这只无形的手并不能指向最佳效果——而是恰恰相反。

自然，有些人会特别重视他们的行为对人类和经济体系的影响，但在这种自我负责基础上制定政策是盲目的，我们不可以指望人类的道德理性。厄普顿·辛克莱说得一针见血：“如果某人的收入取决于不理解某事，要让他理解就会很难。”

简言之，只有上述两种解决方法：将公地私有化或加强管理。对于无法私有化的东西，如臭氧层、海洋、卫星运行轨道等，必须加强管理。

出售!!!

Die Kunst des klaren Denkens

20 结果偏误

切勿以结果判断决定

来看一个小小的思维试验。我们假设有 100 万只猴子在股市上投机。它们疯狂地、自然也是纯随机地买卖股票。会发生什么事？一年后，约一半猴子的投资都赚钱了，另一半亏钱了。第二年这帮猴子又是一半赚钱，另一半亏钱。长此以往，10 年后大约只剩下 1 000 只猴子，它们的每次投资都是正确的。20 年后就只剩下一只猴子每次投资总是正确的——它成了亿万富翁。我们就叫他“成功猴”吧。

媒体会怎么反应呢？他们会冲向这只动物，去阐述他的“成功原理”。他们会找到某种原理：也许这只“成功猴”吃的香蕉比其他猴子多，也许它坐在笼子的另一个角落里，也许它是头朝下吊挂在树枝上的，或者也许他捉蚤子时思考的时间很长。它一定拥有某种成功秘诀，不是吗？否则它怎么会有这么出色的表现呢？一只20年来总是做出正确投资决定的猴子，怎么可能只是一只无知的猴子呢？不可能！

猴子的故事说明了结果偏误：我们倾向于以结果判断决定——而不是当时作决定的过程。这种思维错误又名史学家错误。一个经典例子就是日本人偷袭珍珠港的事件。这座军事基地是不是应该疏散呢？站在今天的角度看：自然应该疏散。因为有大量线索说明，日本即将对其进行袭击。不过这些线索是事后回顾时才显得这么清晰。在当时的1941年，存在无数自相矛盾的线索。有的说明要袭击，有的说明不会袭击。要判断决定（是否疏散）的好坏，必须置身于当时的情境之中，过滤掉我们事后知道的一切信息（尤其是珍珠港果真遭到了袭击的事实）。

再来看另一个思维试验。研究人员分析了三位心脏外科医生的成绩。他们让每位外科医生进行5次高难度的手术。多年后这些接受手术的病人的死亡率在20%左右。具体结果是：医生A的5个病人一个也没死，医生B的病人死去一个，医生C的病人死去两个。你如何评价这三位医生的成绩呢？如果你像大多数人那样思考，你会认为医生A是最优秀的，医生B次之，医生C是最差的。这样你正好犯了结果偏误。你应该已经明白原因了：抽样试验的范围太小，结果相应地说明不了什么。那么，应该如何评价这三位医生呢？只有当你对他们的技术有所了解，仔细观察过他们的手术准备和执行过程时，你才能正确评价他们。也就是说，你要分析过程而不是结果。或者，你应该进行一次规模大得多的抽样调查：100次或1 000次手术。我们将在另一章探讨小型抽样调查的问题，这里只要理解一点就够了：一位普通的外科医生，病人一个不死的概率是33%，死一个的概率是41%，死两个的概率是20%。以结果评判外科医生是否优秀，不仅不准确，而且不道德。

结论：请你切勿以结果判断决定。结果差并不一定意味着当时所做的决定不对，反之亦然。你最好仔细研究一下这样作决定的原因，而不是吐槽一个被证明是错误的决定，或者为一个也许是纯属偶然地获得成功的决定感到庆幸。这个决定是出于理性而做出的吗？如果是，那你下回最好仍然这样做，哪怕上回的结果很糟。

Die Kunst des klaren Denkens

21 选择的悖论

为什么更多反而是更少

我妹妹和妹夫购买了一套毛坯房，从此我们就再也无法正常交谈了。两个月来她的所有话题都离不开卫生间的地砖。陶瓷、花岗岩、大理石、金属、人造石、木材、玻璃和胶合板，可供选择的材质五花八门。我还从未见过我妹妹这样痛苦过。“选择范围实在太大了。”她说道，接着她双手抱头，又埋首于她随身携带的地砖花色目录中了。

我做过统计和调查：我附近的食品店里有 48 种酸奶、134 种红葡萄酒、64 种清洁剂，总共 3 万多种物品。网络书店亚马逊可供应 200 万种图书。今天的人类有 500 多种心理疾病、数千种职业、5 000 多个度假目的地和无数种生活方式，可供选择的种类之多前所未有。

在我小时候，只有三种酸奶、三个电视频道、两座教堂、两种奶酪、一种鱼（鳟鱼）和一款电话机。那个带拨号盘的黑盒子除了打电话派不上别的用场，但在当年这足够了。而今天，任何人走进一家卖手机的商店，许许多多的手机款式和资费套餐会让他头晕目眩。

然而，选择多是进步的标尺。有所选择是将我们与计划经济和石器时代区分开的东西。是的，有所选择令人幸福。但这也有一个“度”，过多的选择会降低生活质量。专业术语称之为选择的悖论。

美国心理学家巴里·施瓦茨在他的《不满指南》一书里说明了为什么会这样。原因有三：第一，选择范围太大会导致无所适从。为了做试验，一家超市摆出了 24 种果子酱。顾客可以随意品尝并打折购买这些产品。试验第二天，超市只摆出 6 种。结果如何？第二天卖出的果子酱要比第一天多 10 倍。为什么？因为品种很多时顾客无法作决定，于是就干脆什么也不买。使用不同的产品重复进行这一试验，结果始终一样。

第二，选择范围大会导致做出更差的决定。你要是去问年轻人，他们选择生活伴侣的标准是什么，他们会列出所有令人尊敬的特性：智慧、善于沟通和交流、善良、善解人意、风趣和好身材。可在选择时他们果真考虑了这些标准吗？从前，在一座不大不小的村庄里，年轻小伙子约有 20 个潜在的同龄女性可供选择。她们中的大多数他上学时就认识，因此也很了解。而今天，在网络约会的时代，他有数百万名潜在的女性伴侣可供选择。选择如此之多，男性的大脑干脆就将各种复杂情况浓缩成一个唯一的标准——好身材。你对此可能很熟悉，甚至可能亲身体验过。

第二，选择范围大会导致不满。你如何能够保证从 200 个选项中做出完美的选择？答案是：你不能。选择越多，你在选择后就越没有把握，因而也就越不满。

怎么办？请你在端详面前的选项之前，仔细考虑你想要什么。请你写下你的标准，并务必遵守它们。你要明白，你永远作不出完美的选择。要想做出在事后看来无懈可击的选择是非理性的，因为事情的发展永远有无数种可能性。你就满足于一个适合你的“好答案”吧。是的，在生活伴侣这件事上也是如此。只有最好的才适合你吗？在存在无限选择的年代，情况恰恰相反：适合你的才是最好的。

Die Kunst des klaren Denkens

22 讨喜偏误

你行为不理性，是因为你想讨别人喜欢

凯文购买了两箱高档的玛格牌红葡萄酒。他很少喝葡萄酒——更不喝波尔多红葡萄酒，但他觉得女营业员特别讨喜，于是他买了葡萄酒。

乔·吉拉德是举世公认的最成功的汽车销售商之一。他的成功秘诀是："没有什么比让顾客相信你真心喜欢他更管用。"他的撒手锏是，每年给他的所有客户（包括曾经的客户）寄一张小卡片，上面只写一句话："我喜欢你。"

讨喜偏误很容易理解，可我们却一再犯这个错误。它是指：某人越讨喜，我们就越倾向于从这个人那儿买东西或者帮助他。那么，什么叫讨喜？科学家列出了一系列因素。我们会觉得一个人讨喜，如果他：（1）外表有吸引力；（2）在出身、个性和兴趣上与我们相似；（3）他觉得我们讨人喜欢。这三个因素是依次排

列的。广告模特大多魅力非凡。难看的人显得不讨喜，因此他们不适合做广告模特。但除了超级名模，广告模特也有“你我这样的普通人”——与目标客户相似的长相、方言、背景。简言之，越相似越好。广告很多时候是在奉送恭维——“因为你值得这样。”这就是说：谁发出他觉得我们讨人喜欢的信号，我们就倾向于也觉得他讨喜。恭维具有神奇的效果，哪怕那是谎话连篇。

“复制”是销售的标准技巧。销售者设法复制对方的手势、语言和表情。如果买方语速特别慢、声音特别低、经常抓挠额头，卖方也同样又慢又低地讲话、不时地抓挠额头就很有意义。这会让买方觉得他讨人喜欢，做成生意的可能性就更大。

所谓的传销（通过朋友销售）之所以管用，靠的就是讨喜偏误。虽然超市里可以以 1/4 的价格买到不错的塑料容器，特百惠公司创造的年销售量却高达 20 亿美元。为什么？就是因为销售特百惠产品的人讨人喜欢。

援助组织也常利用讨喜偏误。他们的广告中几乎全是讨人喜欢的孩子或妇女。你永远不会在广告牌上看到一个目光阴郁、伤痕累累的游击队员——虽然他们也需要你的帮助。就连动物保护组织也常利用讨喜偏误。你见过一份用蜘蛛、蠕虫、海藻或细菌做广告的世界自然基金会的小册子吗？它们也许正像大熊猫、黑猩猩、袋鼠和海豹一样濒临灭绝——对保护生态系统更加重要，但我们对它们没有感觉。一种动物看世界的方式越像人类，我们对它们就越有好感。

政治家们更是将讨喜偏误的技巧运用得炉火纯青。他们视听众的不同强调不同的共性。有时强调居住区，有时强调社会出身，有时强调生态利益。他们曲意逢迎，试图让每个个体都感觉自己是不可缺少的："您的投票有效！"当然每一票都有效，但只是效果甚微。

一位从事输油管道代理的朋友曾经给我讲过，他在俄罗斯是如何签到两份价值数千万美元的输油管道合同的。"贿赂吗？"我问。他摇摇头，说："我们聊天，突然聊到了划帆船的话题。事实证明，我俩——买方和我——都迷恋 470 式帆船。从那一刻起他就对我有了好感，我们成了朋友。生意就这么做成了。好感比贿赂更有效。"

结论：你在判断一笔生意时应该坚持不受卖方影响。请你不要考虑他，更好的办法是：请你想象他是个不讨人喜欢的家伙。

200
Deux Cents Francs
Duecento Franchi

Die Kunst des klaren Denkens

23 禀赋效应

请不要死抱着某种东西不放

一辆宝马车正在二手车商的停车场上闪闪发光。虽然它已经行驶了一些里程，但看起来完好无损。我只是觉得 5 万欧元贵得离谱。我对二手车稍有了解，在我眼里它最多值 4 万欧元。可卖方不让步。当他一星期后打电话给我，说我可以以 4 万欧元的价格买到那辆车时，我当场同意了。第二天我在一家加油站停车加油。加油站老板与我搭讪，要用 53 000 欧元买我的车。我谢绝了。直到开车回家时我才认识到，我的行为多么不理智。某种在我眼里最多值 4 万欧元的东西，转到我手里后，价值一下子就超过了 53 000 欧元——否则我就会马上卖掉它。这背后的思维错误是：禀赋效应。我们感觉我们拥有的东西比我们没有拥有的更有价值。换句话说：当我们出售某物时，我们要求的钱多于我们自己愿意为它支付的钱。

心理学家丹·艾瑞里做过这样一个试验。他抽签分给他的学生们一场重要的篮球比赛的门票，随后问每个没有得到票的学生，他愿意花多少钱买一张票。大多数人的出价在170美元左右。然后他问那些抽到了票的学生，愿意以多少钱出售他们的票。平均售价为2 400美元。我们拥有某种东西的事实显然赋予了这样东西额外的价值。

禀赋效应在房地产市场上表现得很明显。卖方总是将他们的房价估计得高于市场价格。在房主看来，市场价格经常是不公正的。是的，因为房主对他的房子有一种特殊的感情。他认为可能的买方应该一同支付这份情感的价值——这自然是荒谬的。

查理·芒格是沃伦·巴菲特的合伙人和挚友，亲身经历让他了解了禀赋效应。年轻时人家提供给他一个利润特别丰厚的投资机会，只可惜他当时手里没有流动资金。要进行新投资，他必须卖掉他的股份，但他没有这么做。禀赋效应阻止了他。芒格就这样与一笔500多万美元的丰厚利润失之交臂了。

让我们放弃要比让我们囤积难得多。这不仅解释了为什么我们会在房子里堆满废物，也说明了为什么邮票、手表或艺术品的爱好者很少将他们的收藏拿出来交换或出售。

令人吃惊的是，禀赋效应不仅神化了我们已经拥有的财产，甚至神化了我们可能会拥有的财产。佳士得和苏富比这样的拍卖公司就以此为生。谁参与出价到最后，谁就感觉这件艺术品可能会属于他了。相应地，该物品对买主就具有了额外的价值。他突然愿意支付比他原打算出的更高的价格了，退出竞价则会被当成损失——这有违所有理性。因此，在大型拍卖时，经常会导致“赢家的诅咒”：拍卖的赢家反而是经济上的输家，因为他出价过高。有关“赢家的诅咒”的更多内容请参见另一章。

你应聘一份工作却没有成功，你会很失望。如果你知道，你一直坚持到了最终环节，然后被拒绝了，你的失望还要大得多——这是没有道理的。因为你要么成功，要么不成功，其他的一切都无关紧要。结论：请不要死抱着某种东西不放，请将你拥有的视作“宇宙”临时留给你的某种东西。要知道你拥有的一切随时又会被拿走。

Die Kunst des klaren Denkens

24 奇迹

不可能事件的必然性

1950 年 5 月 1 日，内布拉斯加州的比特丽丝教堂唱诗班的 15 名成员原定于傍晚 7 点 15 分集合排练，出于不同的原因他们全都迟到了。牧师一家迟到是因为妻子还得熨烫女儿的衣服；一对夫妻不准时，是因为他们汽车的发动机启动不了；琴师本想早到半小时，可他晚饭后睡着了……当天晚上 7 点 25 分教堂爆炸了，爆炸声全村都能听到。墙壁被炸飞了，屋顶当场坍塌了。但爆炸时无人遇难，这真是一个奇迹。消防队队长认为爆炸是由煤气泄漏引起的，而唱诗班的成员们坚信他们接收到了一个上帝的信号。这到底是上帝之手还是巧合呢?

不知何故，上星期我突然想起了我曾经的一位同学安德雷亚斯，我与他已经很久没联系了。这时电话铃突然响了，打电话的正是安德雷亚斯。“这一定是心灵感应！”我兴奋得叫了起来。这到底是心灵感应还是巧合呢?

1990年10月5日，据《旧金山观察家报》报道，英特尔公司将起诉它的竞争对手AMD公司。英特尔公司发现，AMD公司计划将一种电脑芯片取名为AM386投放市场，该名称明显是仿英特尔386的。有趣的是英特尔公司发现此事的过程：两家公司碰巧都雇用了某个名叫迈克·韦布的人。两位迈克·韦布都于同一天入住加利福尼亚的同一家酒店。当两人都离开酒店后，酒店收到了一个寄给迈克·韦布的包裹。包裹里是AM386芯片的机密资料，酒店错将包裹寄给了英特尔公司的迈克·韦布，他立即将那些资料转交给了英特尔公司的法律部。

这种故事发生的可能性有多大呢？瑞士心理学家荣格认为，这是一种未知力量的作用，他称之为同步性。一个思维清晰的人会如何对待这种故事呢？他会拿起一张纸和一支笔。我们就以教堂的爆炸为例吧。请你画出4个格子，填入4种可能的情况。第一格是已经发生的事实："唱诗班迟到，教堂爆炸。"但还有其他3种可能性："唱诗班迟到，教堂不爆炸"、"唱诗班不迟到，教堂爆炸"、"唱诗班不迟到，教堂不爆炸"。请你估计每种情况发生的概率，并依次填入相应的格子里。你可以看出，光是最后一种情况发生的概率就很大：每天，在数百万座教堂里，都有一个唱诗班在约定的时间排练，而教堂没有爆炸。教堂爆炸的故事顿时就没有那么不可思议了。相反，如果数百万座教堂在一个世纪里都没有爆炸过，这倒是不可思议的。因此这件事跟上帝之手无关。

打电话的事也一样。设想一下安德雷亚斯想起你却没有打电话给你的那些情形吧；还有你想起安德雷亚斯而他没有给你打电话、他打电话给你而你没有想起他、你打电话给他而他没有想起你的情形，以及那些你没有想他而他也没有打电话给你的情形。由于人们将时间的90%左右都用在想别人上，从不发生两人彼此想念、其中一个拿起电话听筒的情况是不可能的。再加上，那人不必非得是安德雷亚斯。如果你还有其他100个熟人，这种事情发生的概率就提高了100倍。

结论：不可思议的意外事件就是虽然少见但完全可能发生的事件。它们的发生没什么可吃惊的，如果它们从不发生，那才令人感到意外。

Die Kunst des klaren Denkens

25 团体迷思

共识为什么有可能是危险的

你曾经在某次会议上克制自己，没有说出你的意见吗？肯定有过。你一言不发，点头同意种种动议，毕竟你不想做个（永远的）“捣蛋鬼”。另外你对你的异议也许也没有把握，其他人也不傻啊，他们全都意见一致，那就不吭声吧。如果人人都这样做，就会出现团体迷思：一群智慧的人做出愚蠢的决定，因为他们每个人都误以为自己的意见是正确的共识，从而做出他们每个人在正常情形下都会拒绝的决定。团体迷思是从众心理的一种特殊情况，我们在之前的一章里已经探讨过从众心理这一思维错误。

1960 年 3 月，美国情报机构开始组织反共的古巴流亡者，想利用他们对付卡斯特罗政权。肯尼迪总统于 1961 年 1 月就职，两天后他从情报部门获悉占领古巴的秘密计划。1961 年 4 月初白宫做出了重要决定，肯尼迪及其所有顾问都同意了这个入侵计划。

1961 年 4 月 17 日，在美国海军、空军和中央情报局的帮助下，由 1 400 名流亡的古巴人组成的一个旅在古巴南海岸的猪湾登陆了。他们的目标是：推翻卡斯特罗政府。事情的进展与计划截然不同。第一天，没有一艘补给船抵达海岸：前两艘船被古巴空军击沉了，后两艘船掉头逃跑了。第二天，这个旅就被卡斯特罗的军队彻底包围了。第三天，1 200 名幸存的战士通通被俘，关进了战俘营。

肯尼迪的占领猪湾行动被认为是美国外交政策的最大败笔之一。令人惊讶的不是进攻失败，而是这样一个荒谬的计划竟然会得到执行。支持这次进攻的全部假设都是错误的。比如，美方完全低估了古巴空军的实力，还有，美方预计这 1 400 名流亡古巴人在紧急情形下可以藏进埃斯坎布雷群山，从那里煽动反对卡斯特罗的地下战斗。可看看古巴地图就会发现，躲藏的地点距离猪湾 150 公里，之间还隔着一片不可逾越的沼泽地带。肯尼迪及其顾问们都是美国政府中最有智慧的人，怎么会出错呢？

心理学教授欧文·詹尼斯研究过许多失败案例。它们都有以下共性：一个智囊团的成员通过建立错觉不知不觉地形成一种“团体精神”。这些错觉之一就是无限的信任：“假如我们的领袖（在之前的案例里是肯尼迪）和团体坚信计划可行，幸运就会站在我们这一边。”然后出现意见一致的错觉：“如果其他人意见一致，我的异议一定是错误的。”还有，人们不想做个有可能破坏统一意见的扫兴的家伙。毕竟你会为自己属于一个团体而高兴，异议则有可能意味着被隔离在团体之外。

在经济界也会出现团体迷思。瑞士航空公司 2001 年的倒闭就是一个经典例子。一个以当时的首席执行官为首的顾问团体，在过去的成功的狂热推动下，是那样的意见一致，根本没人对高风险扩张政策提出不同意见。

结论：如果你是一个智囊团的成员，无论何时，你都要讲出你的看法——哪怕这看法不是很中听。你要仔细考虑没有讲出的意见，必要时要甘冒被隔离在温暖团体之外的风险。如果你领导着一支团队，请你指定某人唱反调。他将不是团队里最受欢迎的人，但也许是最重要的人。

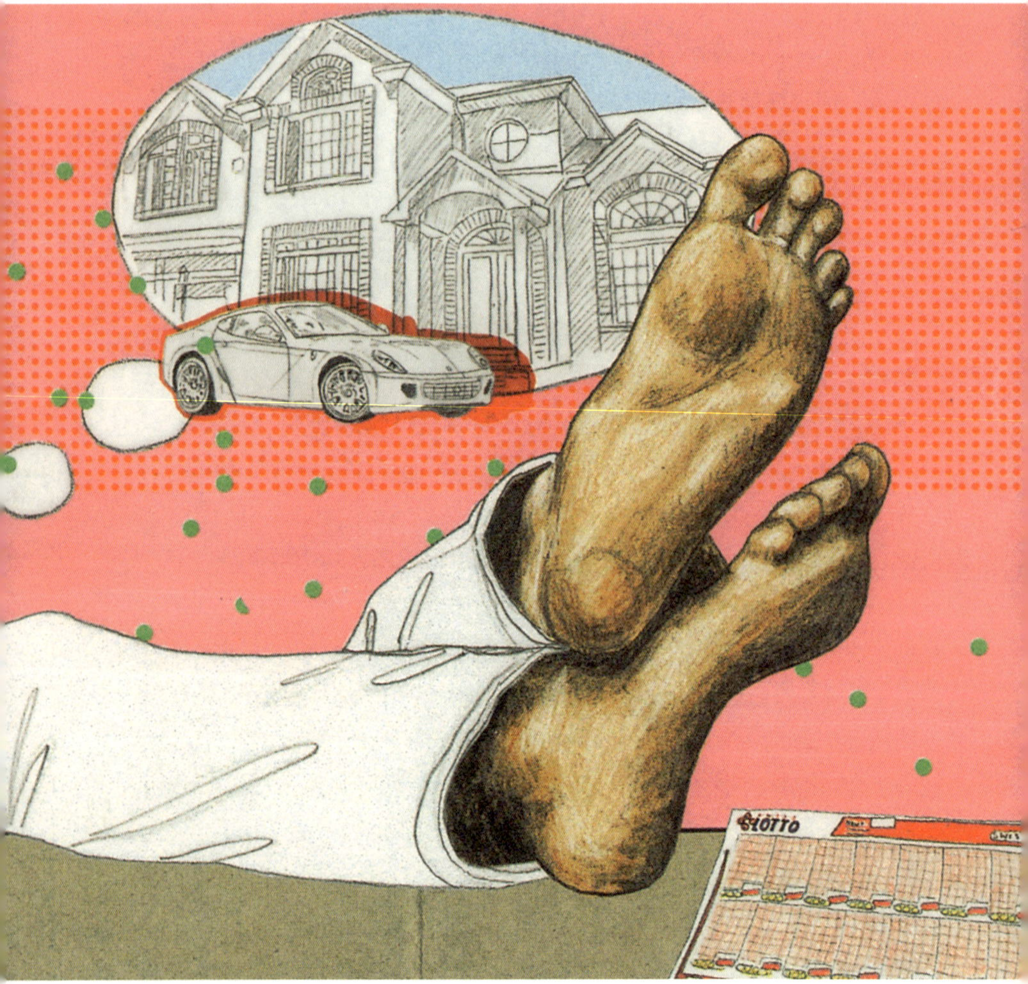
LOTTO

Die Kunst des klaren Denkens

26 忽视概率偏误

累计奖金为什么会越来越多

有两种赌博：第一种赌博你有可能赢 1 000 万欧元，第二种赌博你可能赢 1 万欧元。你会参加哪一种呢？如果你在第一种赌博里赢了，你的生活将会彻底改变：你可以辞掉工作，从此靠利息生活。如果你在第二种赌博里赢了，你可以美美地前往加勒比海度假，然后一切照旧。第一种赌博赢的概率是亿分之一，第二种赌博赢的概率是万分之一。好吧，你会玩哪一种？我们的感情冲动会将我们拉向第一种，虽然客观地看，第二种赢的概率要大无数倍。因此累计奖金越来越多——数百万、数亿、数万亿美元——无论赢的机会是多么微弱。

在 1972 年的一次经典研究中，人们将实验室的受试者分成两组。第一组受试者被告知，他们肯定会遭到一次电击。第二组被告知，他们遭受电击的危险只有 50%，也就是第一组的一半。研究人员在试验时间快结束时测量受试者身体的紧张程度（心跳频率、神经紧张、手心盗汗等）。结果惊人：没有区别。两组试验受试者同样紧张。随后研究人员将第二组受电击的概率降到20%，然后降到10%，再降到5%。结果：还是没有区别！当研究人员提高预期电击的强度时，两组受试者的身体紧张程度都增大了。但即使是这样，两组之间也并无区别，他们增大的幅度是相同的。这表明：我们是对一件事的预期强度做出反应（累计奖金的多少及电压的强度），而不是对它的概率。换个说法：我们缺少对概率的直觉理解。

人们把这种思维错误称为忽视概率偏误——这会导致做出错误的决定。我们投资创建一家公司，是因为可能的利润让我们垂涎，但我们忘记了（或者懒于）查明新企业实现这种利润的概率。在媒体报道了飞机灾难之后，我们就会取消已经预定的飞行，根本不考虑发生飞机坠毁的概率是多么微小。（顺便说一下，发生灾难的概率与不发生灾难的概率一样。）

许多投资爱好者仅靠对比利润率来比较他们的投资。对他们来说，谷歌股票的利润率是20%，要比利润率为10%的地产好两倍。更理性的做法当然是，考虑这两种投资的不同风险。但是，正因为我们没有天生的风险感，我们经常忘记风险。

让我们回到电击的试验吧。第二组受电击的概率被继续降低：从5%降到4%再降到3%。直到概率降为0%时，第二组的反应才与第一组出现不同。因此，0%的风险看起来要比1%好得多。

现在请你对饮用水处理的两种措施作个评价。采用措施A，死于不净水的风险会由5%下降到2%。使用措施B，可以将风险由1%降为0%，也就是完全消除了风险。是选A还是选B呢？如果你像大多数人那样思考，你就会选B——这是愚蠢的，因为使用措施A，将会少死3%；相反，使用措施B，只少死1%。措施A要比措施B好3倍！这一思维错误被叫作零风险偏误。我们将在下一章更详细地讨论它。

结论：我们很难区分各种风险，除非风险为零。由于我们不能直觉地理解风险，我们必须计算。在概率公开的地方——像彩票——这就很容易。而在普通生活中，风险很难估计，但又是躲也躲不过的。

Die Kunst des klaren Denkens

27 零风险偏误

你为什么会为零风险支付过多

假设你必须玩俄罗斯轮盘赌。你的左轮手枪的枪膛里可以装进6发子弹。你像转动抽彩轮盘一样转动你的枪膛，拿枪口抵着你的额头，扣下扳机。第一个问题：假如你知道枪膛里有4颗子弹，你愿意付多少钱，来将4颗子弹中的两颗从枪膛里取走？第二个问题：假如你知道枪膛里只有一颗子弹，你愿意为取走这颗子弹支付多少钱？

对大多数人来说，这是明摆着的：第二种情况下你愿意支付更多，因为那样一来死亡的风险就降到了0。如果单纯看死亡概率降低的幅度，这是没有意义的，因为第一种情况下你将死亡概率降低了1/3，而第二种情况下降低了1/6。因此看起来第一种情况对你应该更有利，但某种东西在驱使我们过高地评价零风险。

我们在上一章说过，人类很难区分各种风险。风险越大，其中包含的感情成分越多，降低风险对我们的安慰就越小。芝加哥大学的两位研究人员证明了，不管风险是99%还是1%，人类都同样害怕有毒化学物的污染。这是一种非理性的反应，但很常见。很显然，我们只信任零风险。它就像灯光吸引蚊子一样吸引我们，我们常愿意投资过多的钱，就为了彻底消除微小的剩余风险。几乎在所有情况下，人们本来都能更好地投资这笔钱，更显著地降低另一种风险。人们把这种思维错误称为零风险偏误。

这种思维错误的经典例子是美国1958年颁发的食品法。它禁止食品中含有致癌物质。这一全盘禁止（零风险）乍一听很好，但它导致了不致癌但更危险的添加剂的使用。这样做没有意义，因为我们自16世纪以来就从现代医学之父帕拉塞尔苏斯那里知道了有毒只是一个剂量问题。最终这个法律无法实施，因为我们不能去除食品里所有的“违禁”分子。假设能够实施，那么这种食品的价格将会上涨数百倍。从总体经济学来看，零风险没有太大的意义，除非后果巨大（比如，当危险病毒从实验室里泄漏出来时）。

在道路交通中，只有当速度限制降到每小时零公里，才能达到零风险。在这里，我们理性地容忍可以明确统计的每年的死亡人数。

假设你是国家首脑，你想排除恐怖袭击的风险。那你必须派给每个市民一名间谍，每名间谍再派一名间谍。那么很快，90%的人口就都成了间谍。我们知道，这样的社会是不存在的。

那么在股市中呢？股市中存在零风险吗？很可惜，不存在。

即使你卖掉股票，将钱存进你的账户，银行也有可能破产，通货膨胀也会蚕食掉你节约下的钱，或者一次货币改革也可能会毁掉你的财产。

结论：请你告别零风险的想象，学会怀着“没有什么是安全的”想法生活——无论是你的积蓄、你的健康、你的婚姻、你的友谊、你的敌人，还是你的土地。请你满足于至少有东西让你保持相对稳定并体验自身的快乐。研究表明，无论是中了百万彩票还是半身瘫痪都不会长期改变你的满意程度。不管发生什么事，快乐的人照样快乐，不快乐的人依旧不快乐。更多内容请见享乐适应症那一章。

Die Kunst des klaren Denkens

28 稀少性谬误

为什么饼干越少越好吃

一位女友请我去她家喝咖啡。我们想聊天，可她家的三个孩子在地板上吵吵闹闹。我想起我带有玻璃球——满满一袋子。我将玻璃球倒在地板上，希望那些淘气鬼会安静地玩玻璃球。我错了，这立即引发了一场激烈的争抢。我不明白是怎么回事，便仔细观看。原来在玻璃球当中刚好有一只蓝色的，孩子们都抢着要它。其实所有玻璃球都一样大、一样漂亮，闪闪发光，可那只蓝色的有个重要优势——稀少。我笑了：孩子们是多么幼稚啊！

2005 年 8 月，我听说，谷歌要推出一个自己的电子邮箱账户，它“很挑剔”，只有“受到邀请”才能注册，我非常想拥有一个——最终成功了。为什么呢？肯定不是因为我需要另一个电子邮箱（我当时已经有4个了），也不是因为Gmail[①]比竞争对手的产品更好，而只是因为不是所有人都可以使用它。回想起来我忍不住笑了：成年人是多么幼稚啊！

罗马人说："物以稀为贵。"稀少性谬误果然与人类的历史一样古老。有三个孩子的那位女友，她的第二职业是房地产经纪人。每当她钓到一个感兴趣但不能立即作决定的客户时，她就给他打电话，说："伦敦来的一位医生昨天也看了这块地皮，他很感兴趣。您觉得呢？"伦敦来的医生——有时她说是"教授"，有时说是"银行家"——当然是虚构出来的，可产生的效果却很真实：她成功地说服了那位感兴趣的客户做出决定。为什么？又是因为潜在的商品稀少。客观地看，这难以理解，因为感兴趣的客户要么想按照报价得到地皮，要么不想——完全不受什么"伦敦来的医生"的影响。

斯蒂芬·沃切尔将受试者分成两组，请他们评价饼干的质量。第一组得到整整一盒饼干，第二组只得到两块。结果：第二组受试者对饼干质量的评价要比第一组高得多。这一试验经过多次重复——结果都相同。

广告里常说："库存清货。"广告牌上常会醒目地写道："仅今天有售！"这都示意着时间的紧缺。艺术品商人知道，在大多数画下面画个红点有好处，这意味着：大多数已售。我们会收藏邮票、硬币或老式汽车——虽然它们再也没有用途了。没有一家邮

① Gmail，指谷歌公司推出的电子邮箱。——编者注

局承认旧邮票，没有哪家店会收塔勒、十字币或赫勒，老式汽车再也不允许上路了。这都无所谓，关键是它们稀少。

再来看另一个试验：请大学生们按照漂亮的程度依次排列 10 张招贴画——为略表谢意，他们可以得到其中的一张。5 分钟后又告诉他们，排名第三的招贴画没有了。然后找个借口请他们重新评价那 10 张招贴画。结果，再也没有了的那张招贴画现在突然升级为最漂亮的了。我们的一个物品被人夺走了，我们就会认为失去的物品更有魅力。这种反应在心理学里也称为“罗密欧朱丽叶效应”：莎士比亚笔下两个悲剧性青年男女的爱情因为被禁而更加强烈。这种反应不一定都是浪漫式的：在美国，学生派对的主要目的就是喝得烂醉如泥——因为法律禁止 21 岁以下的人喝酒。

结论：我们对稀少性的典型反应是丧失清晰思考的能力。因此请你仅按价格和作用判断一样东西。你不要在乎它是否稀少，是否有哪位“伦敦来的医生”也想要它。

Die Kunst des klaren Denkens

29 忽视基本概率

当你在怀俄明州听到马蹄声、见到黑白条纹时……

马库斯是个瘦瘦的男人，他戴眼镜，爱听莫扎特的音乐。根据以上描述，下列哪种情况的可能性更大呢？（1）马库斯是卡车司机；（2）马库斯是法兰克福的文学教授。大多数人会选（1）。这是错的。德国的卡车司机要比法兰克福的文学教授多得多。因此马库斯是一位卡车司机的可能性更大——即使他爱听莫扎特的音乐。为什么大多数人都会选错呢？精确描述误导了我们，让冷静的目光偏离了统计真相。科学里称这种思维错误为忽视基本概率。忽视基本概率是最常见的思维错误之一。实践中所有记者、经济学家和政治家都常犯这种错误。

第二个例子：一名少年被刀砍成重伤。根据以上描述，下列哪种情况的可能性更大呢？（1）凶手是个非法持有刀具的波斯尼亚人；（2）凶手是个来自中产阶层的德国少年。现在你知道答案了：答案是（2）的可能性要大得多，因为比起带刀的波斯尼亚人，德国少年要多得多。

基本概率在医学中扮演着重要的角色。比如，扁桃体炎有可能意味着病毒感染或脑瘤。病毒感染要比脑瘤常见得多（基本概率更高）。因此医生会暂时认为，那不是脑瘤，而是一种病毒感染。这很理性。学医时教授会反复训练这些未来的医生克服忽视基本概率偏误。每位未来的美国医生老被叮嘱的一句话是："当你在怀俄明州听到马蹄声、见到黑白条纹时，那估计就是一匹马。"这句话的意思是说：在你们开始诊断那是不是什么来自异域的疾病之前，先看看基本概率。只可惜，医生是唯一受过基本概率训练的。

我时常看到年轻企业家们雄心勃勃的商业计划，经常被他们的想法所鼓舞。我常常在想：这有可能是下一个谷歌！但望一眼基本概率就又让我回到了现实。一家公司熬过头5年幸存下来的概率是20%。它之后成长为一家全球性集团的概率是多高呢？几乎是零。沃伦·巴菲特曾经解释过他为什么没有投资生物技术公司："这些公司有多少营业额达到数亿美元呢？根本就没有——最有可能的情形是，这些公司在中期踏步。"这是清晰的基本概率思维。

假定要你在一家饭店里通过品尝猜出一瓶葡萄酒产自哪个国家。瓶子上的标签被遮住了。假如你跟我一样不是葡萄酒行家，那么看一看基本概率就能帮到你。经验告诉你，这家饭店酒单上的葡萄酒约 3/4 来自法国。于是你理智地猜法国，即使你估计它有智利或加利福尼亚的特点。

有时我会给学习企业管理的大学生们做讲座。当我询问这些年轻人的事业目标时，他们大多数回答，他们的中期计划是成为一家全球化公司的董事。我当年也是一样。幸好这个愿望落空了。我认为我的任务是给大学生们开一门基本概率速成课：“凭这所学校的文凭进入一个集团董事会的概率低于 1%。所以不管你们多聪明、多努力，最有可能的情形是，你们会在中层管理部门止步不前。”我收获的是大学生们因惊异而瞪大的眼睛，我想我为缓和未来的中年危机做出了一份贡献。

Die Kunst des klaren Denkens

30 赌徒谬误

为什么没有一种平衡命运的力量

1913 年夏天，蒙特卡罗发生了一件令人难以置信的事情。人们挤在赌场的赌台周围，他们不相信自己的眼睛：那只球已经先后 20 次落在黑色上。许多赌徒趁此机会押红色，可中的又是黑色。更多的人涌来，把他们的钱押在红色上。现在总该换一回了吧！可又是黑色。一而再，再而三，直到第 27 次时那球才终于落在了红色上。此刻赌徒们已经输掉了他们的数百万美元。他们破产了。

大城市中学生的平均智商数为 100。你随机选取 50 名学生进行抽样试验。你测试的第一个孩子 IQ（智商）为 150。那 50 名学生的平均 IQ 是多高呢？我提问的大多数人都猜是 100。不管怎样，他们想，他们先测试的特别聪明的学生，会被一个 IQ 为 50 的特别笨的学生（或两个 IQ 为 75 的学生）平衡掉。但在这么小范围的抽样测试中这种可能性其实很小。你必须料到，剩余的 49 名学生符合 IQ 的平均值，也就是说他们的 IQ 为 100。49 个 IQ 为 100 的学生和 1 个 IQ 为 150 的学生，得出的抽样测试的平均 IQ 值为 101。

蒙特卡罗赌场事件和学生抽样测试的例子表明：人们相信命运具有一种平衡力量。这就是常说的赌徒谬误，但独立事件不存在平衡的力量。一只球可以持续落在黑色上，无论之前它已经落了多少次。一位朋友不厌其烦地在表格里填入彩票数字，他总是在填得最少的数字上打叉。但他的整个工作其实都是瞎子点灯白费蜡——这就是赌徒谬误。

下面这则笑话形象地说明了赌徒谬误：一位数学家每次坐飞机都会在他的手提行李箱里装进一颗炸弹。“飞机里有炸弹的概率极小”，他说，“有两颗炸弹的概率几乎是零。所以只要我带了一颗炸弹，其他人就不可能也带有炸弹了。”

一枚硬币被连抛 3 次，每次都是人头朝上。假如有人强迫你，让你自己掏出 1 000 欧元为下一抛下注。你会押人头还是数字呢？如果你像大多数人那样思考，你会押数字，虽然人头同样是有可能的——这就是著名的赌徒谬误。

将一枚硬币连抛 50 次，50 次都是人头朝上。又有人强迫你为下一抛押 1 000 欧元。你会押人头还是数字呢？你淡定地微微一笑，因为你已经读了这一章，知道之前的结果无关紧要。但如果你足够理智，你肯定会押人头，因为你必然会想到，这枚硬币应该是镀锌的。

我们曾在另一章里探讨过回归均值。比如：假如你经历了破纪录的严寒，那么接下来的几天气温就有可能会上升。如果我们只看概率，气温将有50%的概率下降，有50%的概率上升。但事实上，极端的气温不会持续太久，总会回到均值。不过，在某些情形下，极端的趋势会持续，例如富人倾向于越来越富。一只暴涨的股票，在到达一定点位后可能依然会受到热捧，就是因为它如此出色——这是一种反向的平衡效应。

结论：请你仔细观看，看你面对的是否是独立的事件——不过这主要存在于赌场、彩票和理论书籍里。现实生活中这些事件大多有着相互联系——已经发生的事情，会影响未来将要发生的事情。因此请你忘记命运的平衡力量（除了回归均值的情形）。

1517 年
论纲
《圣经》

31 锚定效应

数字轮盘如何搞得我们晕头转向

马丁·路德是哪一年出生的？如果你忘记了，而你的智能手机电池又刚好没电了，你会怎么做呢？也许你恰好知道，路德于1517年提出了《九十五条论纲》，当时他肯定大于20岁，但应该也很年轻，才能做出这一大胆的行为。你还知道论纲出版之后他被召去罗马，被控宣传异端，被逐出了教会。他翻译《圣经》，陷入了政治的魔爪。1517年之后他还活了好长一段时间，因此1517年时他大概30岁左右。通过这样估计，你推测他的出生年份应是1487年。（正确答案：1483年）。你是怎么做到的呢？你有一只你可以依靠的锚——也就是1517年，你从那里开始判断方向。

每当我们进行估计时——莱茵河的长度、俄罗斯的人口密度、法国的核电厂数量——我们都会使用锚定效应。我们选取某种熟悉的东西，大胆地从那里闯入陌生地。要不然我们该怎么估计呢？凭空随便说一个数字吗？那是不理智的。

愚蠢的是，我们也会将锚定在根本站不住脚的地方。比如：一位教授将一瓶无名的葡萄酒放到桌上，然后请室内的人将他们的社会保险号的后两位数写到一张纸上，同时考虑他们是否准备将这个数字换成欧元，拿来买这瓶葡萄酒。随后他拍卖这瓶酒。社会保险号后两位数字较大的人的出价几乎是数字较小的人出价的两倍。社会保险号在这里起了锚定作用——可惜是不知不觉地、以误导的方式。

心理学家阿莫斯·特沃斯基拿出一个数字轮盘，让受试者转动轮盘，然后问他们，联合国有多少成员国。那些轮盘停在一个较大数字上的人，给出的成员国的数量就会大于轮盘停在较小数字上的人给出的数量。

研究人员拉索和休梅克问大学生们，匈奴王阿提拉是在哪一年遭受他在欧洲的毁灭性打击的。与社会保险号的试验类似，参与者以他们的电话号码的后几位数为锚。同样的结果：电话号码后几位数字较大的人回答的是较大的年份数字——反之亦然。(如果你有兴趣的话，有关阿提拉的答案是：公元 451 年。)

再看另一个试验：带领大学生和房地产从业人员参观一套房子，随后请他们估计这套房子值多少钱。之前发给他们一个（偶然生成的）“销售价格表”。不出所料，大学生们，也就是非职业人员，受到了锚定效应的影响。表格上的价格越高，他们给房子的定价就越贵。而房地产从业人员，他们能独立地做出判断吗？不，他们受任意设定的锚的影响和非职业人员一样大。因此，一个对象的价值越无法确定——房地产、公司、艺术品——就越容易受锚定影响，就连职业人员也无法避免。

现实生活中，锚定效应随处可见。科学证明，如果老师知道一位学生过去的学习成绩，就会影响他给学生的新论文打分。在这里，过去的成绩起了锚定的作用。许多产品在包装袋上刊印的“建议销售价”也是一个锚定。职业销售人员知道，他们必须先设定一个锚——远在他们报价之前。

我年轻时曾在一家咨询公司工作。我当时的上司是一位真正的锚定效应专家。在首次与客户交谈时，他就会设定一个锚——通常会高出内部价很多：“亲爱的顾客，当您收到报价时，请您不要吃惊：我们为您的一位竞争对手做过一个类似的项目，价格在500万欧元左右。”锚就这样设定了，于是价格谈判就从500万欧元开始。

Die Kunst des klaren Denkens

32 归纳法

如何把别人的钱弄进自己的口袋

一个农民喂食一只鹅。一开始鹅畏畏缩缩，想："这个人为什么要喂我？这背后一定有什么阴谋。"数星期过去了，农民天天都过来，扔给它谷子。它的疑心渐渐减弱。几个月后这只鹅肯定地想："这个人很喜欢我！"——这一信念每天都得到证明，于是它越来越坚定。它对农民的善良坚信不疑。鹅没料到，农民在圣诞节会将它从鹅舍里取出并杀掉。这只圣诞鹅成了归纳法思考的牺牲品。大卫·休谟早在18世纪就举过同样的例子，警告人们要小心归纳法。可犯这种错误的不仅是鹅，我们大家都有由观察个体得出普遍适用的结论的倾向。这是危险的。

一位投资者购买了某只股票，股价暴跌。一开始他持怀疑态度，想："股价可能会继续下跌。"当几个月后这只股票的股价跌速还在加快时，他的估计变成了肯定："这只股票跌无可跌了。”——这一认识每天都得到证实。半年后，他将他的全部积蓄都投进了这只股票里。这下他陷入了巨大的风险。他成了归纳法的牺牲品，他将在某一天为它付出代价。

我们也可以利用归纳法进行思考。这里将告诉你如何使用归纳法从别人的口袋里掏钱。请你寄出 100 000 份股指预测的邮件。你在一半邮件里预测下个月股票行情会上升，在另一半邮件里预测股票行情将回落。假定一个月后股指回落了，你就再发一遍邮件，这回只发给你做出了正确预测（股指会跌）的那 50 000 人。你再将这 50 000 人分成两组，写信给第一组，说股指在接下来的一个月会上升，给另一组写信说股指会跌。如此类推，10 个月后还剩下 100 个人，你给他们作的预测从没有出错。在这 100 个人的眼里你就是英雄。你证明了，你拥有真正的先知式的预测能力。于是这 100 个人中的几位会将他们的财产托付给你。然后你就可以怀揣这笔钱逃去巴西了。

我们不仅这样骗别人，我们也会这样骗自己。很少生病的人认为自己不会死。一位连续几个季度都可以宣布利润增长的首席执行官，认为自己是不可缺少的——他的员工和股东也认为他不可缺少。

我有一位朋友，他是定点跳伞运动员。他从岩石、电线杆和大楼上往下跳，在最后关头才拉开降落伞的绳子。当我有一回跟他谈起这项体育活动的风险时，他回答：“我已经跳过 1 000 多次了，还从未出过什么事。”两个月后他死了——他在从南非一座特别危险的岩石上往下跳时摔死了。一次例外就足以彻底否定一条经过上千次证明的理论。

因此归纳式思考有时会产生严重后果，但没有它也不行。我们相信，当我们登上飞机时，气体动力学的原理明天也管用。我们估计，我们不会在大街上被无缘无故地殴打。我们指望，我们的心脏明天也照常跳动。我们需要归纳法，但我们不可以忘记，所有确信都只是暂时的。本杰明·富兰克林怎么说来着？“除了死亡和税收，没有什么是肯定的。”

归纳法有可能具有诱惑性：“人类一直都是成功的，因此我们也将征服未来的挑战。”听起来不错，但我们没有考虑：只有那些幸存到现在的物种才能这么说。以我们存在的事实来说明将来我们也会存在，这是一个严重的思维错误——估计是最严重的。

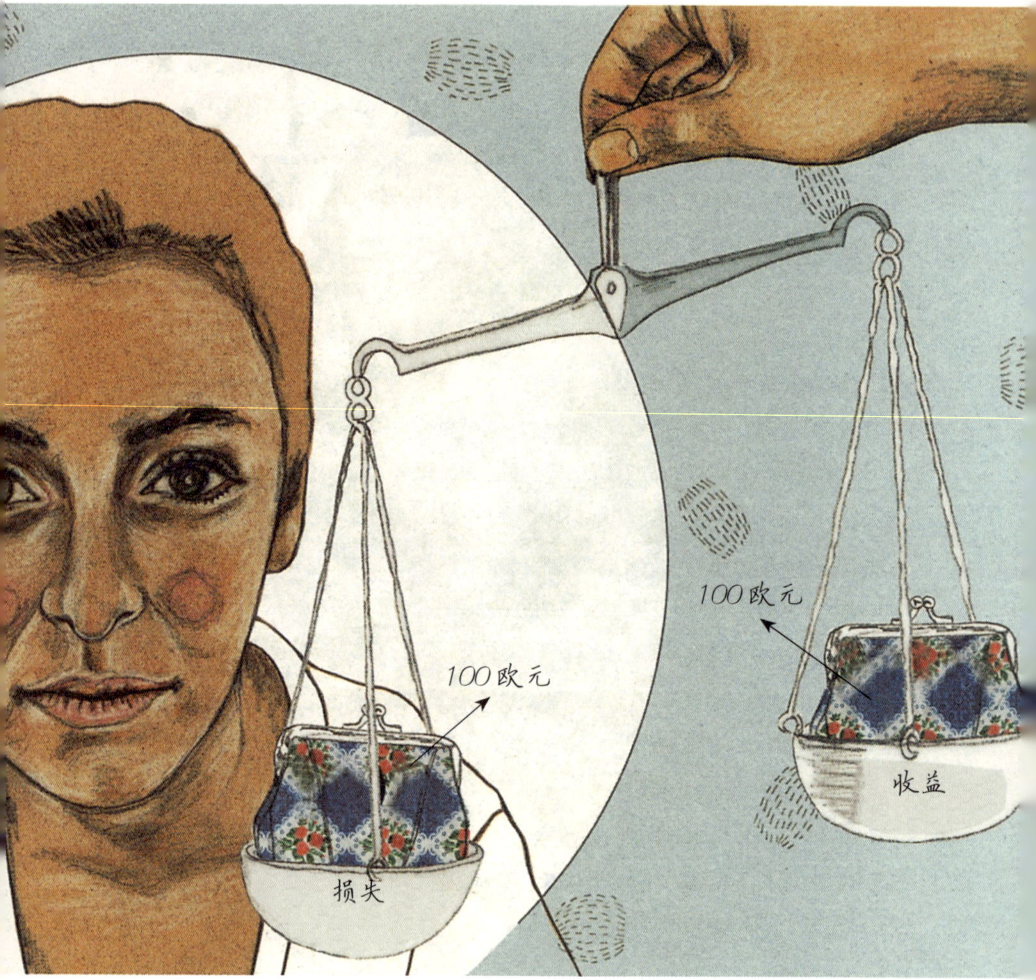
100欧元
损失
100欧元
收益

Die Kunst des klaren Denkens

33 规避损失

为什么凶恶的面孔比友善的面孔更容易引起我们注意

请你考虑一下你今天的幸福感的程度——用 1~10 来表示级别。同时请你回答两个问题：第一，什么会将你的幸福感升到 10 级？是你梦寐以求的蔚蓝海岸边的度假屋？还是事业阶梯上迈出的一步？第二，发生什么事，你的幸福感会以至少同样的程度减弱——半身瘫痪、老年痴呆、癌症、沮丧、战争、饥饿、迫害、破产、好名声受损、失去你最好的朋友、你的孩子被绑架、失明、死亡？你看到："负面"的因素比"正面"多。在我们过去的进化中情况还要明显得多。只需犯一个愚蠢的错误，人就会死。有各种事情都可能导致我们迅速脱离"生命游戏"——狩猎时粗心大意、一根肌腱发炎、被逐出团体等。那些粗心大意或涉身大风险的人还没来得及将他们的基因传给下一代就死掉了。只有那些小心谨慎的人，幸存了下来。我们就是他们的后代。

我们估计损失要比我们估计收益多得多，这不足为奇。如果你损失了100欧元，你消耗的快乐感要大于我送你100欧元让你获得的快乐感。损失要比同样多的收益对我们的影响更大。科学里称之为规避损失。

因此，如果你想说服某人，请不要用可能的收益做论据，而要说他这样做可以规避一种可能的损失。让我们以希望人们及早识别女性乳腺癌的宣传为例。当时有两种传单。传单A的说法是："请每年接受乳腺癌检查，这样你可以及时发现和治疗可能罹患的癌症。"传单B的说法是："假如你不每年接受乳腺癌检查，你是在冒可能罹患的癌症不能被及早发现和治疗的风险。"每张传单上都有一个电话号码，供读者打电话索取额外的信息。结果表明：传单B的读者打电话的人多得多。

人们害怕失去某种东西的想法要比获得某种同等价值的东西的想法强烈。假定你是为房屋提供隔热层的。假如你告诉顾客，缺少隔热层他们有可能损失多少钱，就要比告诉他们使用好的隔热层他们能够节约多少钱，更能说服他们在房屋里使用隔热层。虽然其实金额是一样的。

股市上也是一样：投资者们倾向于忽视损失，宁愿继续等待，希望他们的股票重新上涨。被忽视的损失还不算损失。因此他们不卖，即使上涨的希望渺茫、继续回落的概率很大。我曾经认识一个男人，他是一个千万富翁，他因为弄丢了一张100欧元的钞票而生气得要命。这是多大的情感浪费啊！我让他注意这个事实：

他的钱包每秒钟都在增减至少 100 欧元。

员工（如果他们是独自承担责任，而不是集体作决定的话）都有畏惧风险的倾向。站在他们的立场，这样做是有意义的：如果做成某件事情最多会带给他们一笔奖金，但一旦失败就有可能让他们丢掉工作岗位，那他们干吗要冒这种风险呢？在几乎所有公司的所有情况下，风险都大于可能的收益。如果你作为董事长抱怨你的员工缺少冒险精神，那你现在知道是为什么了——规避损失。

我们无法改变：恶比善更有影响力。我们对不利东西的反应要比对有利东西的反应敏感。走在大街上，一张凶恶的脸要比一张友善的脸更容易引起我们注意。恶行要比善行更久地留存在我们的记忆里。当然也有例外：在事关我们自己的时候。

34 社会性懈怠

团队为什么会使人懒惰

马克西米利安·林格尔曼是一位法国工程师。1913 年，他对马拉车的效率进行调查。他发现：两匹马一起拉一驾马车，效率并非一匹马效率的双倍。这一结果令他意外，遂将他的调查延伸到人类。他让许多人一起拉一根绳子，测量每人释放出的力量。他发现两个人一起拉一根绳子，平均每人只投入其力量的 93%，如果是三个人一起拉，每人只投入 85%，8 个人一起拉时就只剩下 49% 了。

除了心理学家，这个结果没让任何人感到意外。科学界称这一效应为社会性懈怠。它之所以会出现，是因为在团队中个人的效率无法直接看到，而是与团队融合在一起的。划桨手身上存在社会性懈怠，而接力赛运动员身上却没有，因为接力赛时每个人的贡献是显而易见的。社会性懈怠是一种理性行为：假如使出一半力就行，又不会引起注意，为什么要使出全力呢？一句话，社会性懈怠是一种我们让自己亏欠所有人的欺骗形式。这一欺骗大多不是故意的，而是不知不觉地发生的——就像马拉车一样。

一同拉一根绳子的人越多，个人的贡献就越低，这并不令人吃惊。令人吃惊的是它没有降到零。为什么不是完全懈怠？因为零效率会引起注意——继而会带来后果，如被逐出群体或损坏名誉。我们能细腻地感觉到，懈怠到什么程度不会被看出来。

社会性懈怠不仅出现在体能效率方面，我们在精神上也会懈怠，比如开会的时候。团队越大，我们个人参与的程度就越小——一定大小的团队，当效率达到一个水平时，就不会继续下降了。此时一支团队有 20 人还是 100 人，再也无关紧要，它已达到了最大的懒惰度。

讲了这么多，应该讲清楚了。可是，团队比个人效率高，这种重复多年的观点又是从何而来呢？也许来自日本。30 年前，日本人用他们的产品征服了全球市场。企业老板们仔细研究这场工业奇迹，发现日本工厂是以团队为组织的。人们于是复制了这一模式，但成功是无法复制的。在日本很管用的东西，在美国和欧洲就不一定有用。在日本，如果团队由尽可能多的各种专业人员组成会更好。这很有意思，因为在这种团队里个人的效率可以归功于这些专家。

社会性懈怠的效果很有趣。在团队里我们不仅会克制我们的效率，还会克制我们的责任。谁也不想对成绩差负责。纽伦堡的纳粹审判就是一个鲜明例子，每个董事会或管理团队里都较少有提出异议的人员。大家都躲在团队决议背后，专业术语称之为责任扩散效应。

出于同样的原因，团队有甘冒比个人更大风险的倾向。人们称这一效应为风险分摊。事实证明，团队讨论会导致做出比人们独自作决定时更冒险的决定。因为大家都会想："一旦出事，不是我一个人承担责任。"在涉及巨额资金的公司和养老保险机构的战略团队里，或在团队决定是否使用核武器的军队里，风险分摊的想法都是危险的。

结论：人们在团队里的行为不同于单独一人的时候（否则就不存在团队了）。可以通过尽可能彰显个人效率，来缓和团队的弊病。

Die Kunst des klaren Denkens

35 指数增长

一张对折的纸为什么会超出我们的想象

将一张纸从中间对折，再对折，一直对折下去。对折 50 次后它会有多厚呢？在你继续阅读之前，请写下你的答案。

再看第二个问题。你可以选择：（1）在接下来的 30 天里我每给你 1 000 欧元；（2）在接下来的 30 天里我第一天给你 1 欧分，第二天 2 欧分，第三天 4 欧分，第四天 8 欧分，以此类推。请你决定：选（1）还是选（2）？

你做出决定了吗？如果我们假设，一张纸的厚度为 0.1 毫米，那么对折 50 次之后它的厚度就是一亿千米。这相当于地球到太阳的距离，使用计算器很容易计算出来。第二个问题选（2）是更合适的，虽然答案（1）听上去更诱人。如果你选（1），30 天后你会挣到 3 万欧元，而（2）是 1 000 多万欧元。

我们很容易就能理解线性增长，但我们对指数（或按百分比计算的）增长没有感觉。为什么？因为过去的进化没有让我们为此做好准备。我们祖先的经验大多是线性的。谁花费双倍的时间采摘，谁就会带回家双倍的莓果；谁同时将两只猛犸而不是一只驱逐到地渊上方，谁有肉吃的时间就会是双倍。石器时代几乎没有人遇到过指数增长的例子，但今天不同。

有一位政治家说："交通事故的数量每年递增 7%。"老实说，我们无法直观地理解这意味着什么。 因此，请你使用一个窍门：计算倍增时间。请用数字 70 除以增长的百分比。在上述情况下，倍增时间为 70 ÷ 7=10（年）。于是这位政治家的意思是："交通事故的数量每 10 年翻一倍。"这相当令人警惕。

另一个例子："物价上涨 5%。"任何人听到这种说法，心里都会想："不严重，5% 又有什么大不了的。"让我们迅速计算一下倍增时间：70 ÷ 5=14（年）。14 年后 1 欧元的价值只剩下了一半——对于所有有储蓄的人来说，这都是一件坏事。

假设你是一位新闻记者，接到一个统计，你所在城市登记在册的狗的数量逐年增长 10%。你会给你的文章取个什么样的标题呢？肯定不是"养狗许可证数量每年上升 10%"，这没人会理会。而是："养狗成灾：仅仅 7 年，狗屎翻倍！"

没有什么按百分比计算的东西，会一直增长——大多数政治家、经济学家和记者也会忘记这一点。每个指数增长到一定程度都会达到一个极限。大肠杆菌每 20 分钟分裂一次，几天后就会覆盖整个地球。但它们消耗的氧气和糖分会多于新输送的，这很快就会阻止总数的增长。

35 指数增长

一张对折的纸为什么会超出我们的想象

古波斯人早就知道，我们的大脑难以应付按百分比计算的增长。下列童话就是证明：有一位机灵的大臣，送给国王一张棋盘。国王问他："请你告诉我，我能怎么报答你。"大臣回答："尊敬的陛下，我只要您将棋盘上放满米就行。请在第一格放进一粒米，在随后的每一格始终放上翻倍的数量。也就是在第二格放两粒，第三格放四粒，以此类推。"国王深感意外："你的愿望如此简单，真叫人惊讶。"实际上这是多少米呢？国王以为一小袋就够了，实际上却比地球上所有的米还多。

结论：当事关增长率时，请不要相信你的感觉。你的感觉是没有用的——请你承认这一点。真正有助于你的是计算器，或者，在增长率小时，就使用计算倍增时间的诀窍。

30

36 赢家的诅咒

你愿意为100欧元支付多少钱？

20世纪50年代的得克萨斯，有一块地在拍卖，有10家石油公司参与竞拍。每家公司都估计了这块地含有多少石油，价值多少美元。最低估计是1 000万美元，最高为1亿美元。拍卖时出价越高，退出竞价的公司就越多，最终由出价最高的公司成交——看起来它赢了。

赢家的诅咒是指：拍卖的赢家大多是事实上的输家。行业分析师们发现，常在油田拍卖中胜出的赢家，都系统性地支付过多，并在多年后因此破产。这是可以理解的：如果人们对油田价值的估计在1 000万~1亿美元之间摆动，那么油田的真实价值有可能是中间的某个数。拍卖时的最高报价经常是系统性地过高——除非出价者拥有信息优势。当年在得克萨斯成交的公司并没有信息优势，所以所谓的赢家实际上赢得的是一场皮洛士胜利[①]。

今天的“油田拍卖”在哪儿呢？无所不在。从易购网到团购网——价格是由拍卖确定的。围绕移动无线频道的供应商竞争，让电信公司濒临崩溃。机场通过拍卖出租它们的货架。如果阿尔迪超市想引进一种新洗涤剂，它会向5个供货商索要报价，这与拍卖没有区别——带有赢家的诅咒的危险。

如今，互联网使“日常生活的拍卖化”也影响到了工匠们。例如我的房子需要重刷涂料，我没有给卢塞恩最优秀的粉刷工打电话，而是将这个需求发布到了互联网上。在网上，有30个来自全国各地的人参与竞争这份工作。我出于怜悯没有接受最低的报价——为这位可怜的粉刷工避免了赢家的诅咒。

上市是被支付了过高价格的拍卖。当公司购买其他公司时——所谓的企业并购——主要就是赢家的诅咒在插手。所有的公司并购都在不止一半地毁灭价值，这意味着，购买它们一点儿也不值得。

那我们什么会沦为赢家的诅咒的受害者呢？一方面，因为一种货物的真实价值是不确定的。出价方越多，报价过高的概率就越大。另一方面，因为我们想排挤竞争对手。一位朋友有家生产微天线的工厂。他给我讲了苹果公司为iPhone（苹果手机）组织的毁灭性报价竞争。人人都想成为苹果公司的“正式供货商”——不管谁最终成交，肯定都会损失钱财。

---

① 原指古希腊国王皮洛士公元前249年以极大牺牲打败罗马军队。喻指付出极大代价而取得的胜利。——译者注

36 赢家的诅咒
你愿意为100欧元支付多少钱?

你会为100欧元支付多少钱呢？请你想象一下，你和你的竞争对手被邀请参加这么一场拍卖。游戏规则是：谁出价最高，谁就能得到这张100欧元的钞票；还有，很重要的一点是，两位出价者都必须支付他们最后的报价。你会出到多高呢？在你看来，为这张100欧元的钞票支付20、30或40欧元都是值得的。你的竞争对手当然也是同样的看法。哪怕支付99欧元都是有意义的。现在你的竞争对手出到了100欧元。如果这是最高报价，他会以零利润结束，但你必须支付99欧元（你最后的出价）——没有回报。于是你会继续出价。出到110欧元时你肯定会损失10欧元，但你的竞争对手会损失109欧元（他最后的报价）。因此他也会继续出价。你会在哪里停止呢？你的竞争对手会在哪里停止呢？请你跟你的朋友们玩一次吧。

请你记住沃伦·巴菲特的建议："千万不要参与拍卖。"做不到？你是在一个无法躲开拍卖的行业工作？那你就确定一个最高价，从中扣除20%支付赢家的诅咒效应。请你将这个数字写在一张纸上，然后坚决遵守它。

37 基本特征谬误

千万别问一位作家他的小说是不是自传

你打开报纸，看到某位首席执行官因为业绩差不得不辞职。在体育版，你看到你心爱的球队因为某个运动员或某位教练成了冠军。在报刊编辑部有一条规矩：“每个故事都要有人物。”基本特征谬误是指，系统性地高估人的影响，在解释某些东西时低估情境因素。

杜克大学的研究人员在 1967 年做了以下试验：由一位演讲者向受试人员热情洋溢地做了一番支持卡斯特罗的演讲。受试人员被告知，演讲者的演讲是指派的，不代表他真正的政治观念，他只是在宣读一篇指定的文章。尽管如此，大多数听众还是认为，演讲反映了演讲者的观点，对演讲内容负有责任的是演讲者个人，而不是外在因素——指派他进行演讲的教授们。

尤其是在面对负面事件时，基本特征谬误会体现得更明显。

我们将战争的“罪责”推给个人——第二次世界大战是希特勒的错，第一次世界大战是萨拉热窝行刺者的错。虽然战争是不可预见的事件，我们至今无法理解它的成因。

因此，我们总是先在企业老板身上寻找业务好坏的原因。即使我们本该知道，领导才能对经济成功的影响程度要远远小于普遍的经济形势和行业的影响力。有趣的是，在一个存在危机的行业里，首席执行官们常被撤换，而在朝阳行业里却很少发生这样的事。这种决定一点儿也不比更换足球俱乐部的教练的决定理智。

我经常去听音乐会；身为卢塞恩人我已经习惯了这座城市里的传统演奏会。场间休息时的话题几乎总是围绕着指挥或独奏家。除了首演，几乎从没谈过作曲家。为什么不谈？音乐的真正奇迹源于作曲——在一张白纸上创造出美妙的声音来。一首曲子与另一首曲子的区别要比一个诠释者与另一个诠释者的区别感人千倍。可我们不这样想。曲子与指挥或独奏家不一样，它是没有人物模样的作品。

身为作家，我遇到的基本特征谬误是这样的：在每次读者见面会上，我碰到的第一个问题总是：“你的小说里有什么是自传性质的吗？”我真想对着在座的人大喊：“见鬼，我们要谈的可不是我，而是这本书，是书的文字、语言，是故事的可信性！”可惜我接受的教育不允许我这样发作。

另外，我们也必须理解基本特征谬误：极度关注他人源自我们过去的进化史，隶属于一个群体是生存所必需的，被排斥意味着死亡。繁殖、自卫和狩猎，大多是个体做不到的。我们需要别人协助。特立独行的人——其中肯定有一些——早就从基因池里消失了。因此我们才会这样过度地关注人。我们将90%的精力都用来关注人，只用10%的精力关注情境。

结论：不管戏剧多么让我们着迷，舞台上的人绝非孤立的，他们的表演离不开一个个情境。你若真想理解正在表演的戏剧，就请你不要只注重表演者，而是多关注他们的表演或舞蹈。

Die Kunst des klaren Denkens

38 错误的因果关系

你为什么不该相信仙鹤送子

赫布里底群岛位于苏格兰北部，对于岛上的居民来说，头发里的虱子是生存所必需的。一旦这些虱子离开它们的寄主，寄主就会生病、发烧。因此，为了驱走高烧，当地人会故意将虱子放进病人的头发中。表面看来，赫布里底群岛人是正确的：一旦虱子重新定居在头发里，病人的病情就好转了。

对一座城市的消防行动的调查证明，火灾损失与每次投入的消防人员的数量有关：动用的消防人员越多，火灾损失就越大。于是市长立即宣布停止招聘，削减了预算。

以上两则故事都出自《下蛋的狗》一书，它说明了因果的混淆。虱子离开寄主，是因为寄主发烧了——它们的脚烫得受不了。一旦寄主烧度减退，它们自然乐于返回。火势越大，投入的消防人员自然就越多，相反的逻辑当然是不成立的。

我们听了这些故事可能会会心地笑笑，但错误的因果关系几乎每天都将我们引入歧途。我们就以标题为例吧："良好的员工激励会创造更高的企业利润。"果真如此吗？还是说员工们积极性更高，是因为公司经营得那么好？经济图书作者和顾问经常运用错误的——或至少是未经证实的——因果关系。

20世纪90年代，最神圣的人非时任美联储主席的格林斯潘莫属。他的不符合逻辑的表述赋予货币政策一种神秘的荣光，是它让这个国家保持在走向繁荣的可靠路径上。政治家、记者和商界领袖对格林斯潘顶礼膜拜，视若神灵。今天我们知道，那些评论家都是错误因果关系的牺牲品。美国与中国的共生现象对美国经济发展所起的作用要比货币政策重要得多。说得极端点：美国的经济在当时发展得那么好，纯属格林斯潘走运。

再看另一个例子：科学家们发现，长期住院对病人有害。这对所有医疗保险公司都是一个喜讯，投保人的住院时间尽可能缩短对它们有好处。可是，那些马上就可以出院的人，理所当然比那些必须长期住院的人更健康。但这并不是说长期住院就会导致不健康。

或者以这个标题为例："科学证明：每天使用XYZ香波的女性，头发更浓密。"我们可以科学地证明这一联系，但这还是说明不了什么，更加说明不了是香波让她们的头发长得更浓密。同样可能是因为浓发女性喜欢使用XYZ香波（也许正因为那上面写着："专门适用于浓发"）。

最近我看到有研究表明，家里书多的学生，学习成绩更好。

这一研究导致家长们发疯似的买书。这是错误的因果关系的一个好例子。真相是：受过教育的家长比没有受过教育的家长更重视孩子的教育。家长受过教育的家庭，通常要比家长没有受过教育的家庭里书多。关键不是书多书少，而是家长的受教育程度，以及他们的遗传基因。

错误的因果关系的最好例子是出生率下降和德国的仙鹤配偶数量下降之间的联系。如果画出1965~1987年两条线的发展，它们几乎可以完美地重叠在一起。那么，真的是仙鹤送子吗？不可能。因为这是一个纯属巧合的相互关系，肯定不是因果关系。

结论：相互关系不等于因果关系。你要看仔细。有时两者之间因果恰恰相反，有时两者之间根本就没有因果关系——就像仙鹤和婴儿一样。

诚实
可爱
聪颖

Die Kunst des klaren Denkens

39 光环效应

长相好的人为什么容易事业有成

硅谷的思科公司是新经济时代的宠儿。根据经济记者们的解释，它什么都做得对：最好的客户定位、完美的策略、招揽客户的手段非常巧妙、独特的企业文化、有魅力的首席执行官。2000年3月时，思科公司是全球最有价值的企业之一。

2001年，思科公司的股票价值损失了80%，还是那些记者们却反过来指责企业存在正好相反的问题：糟糕的客户定位、策略不明确、招揽客户的手段不巧妙、没有魅力的首席执行官。事实上，无论策略还是首席执行官都没有更换，只是需求变少了——可这与思科公司一点儿关系也没有。

光环效应是指：我们让某一个方面照花了眼睛，并由此推及全貌。“Halo”一词与打招呼毫无关系，而是英语里代表“神圣光环”的词。在思科公司的例子里，光环效应特别明显：记者们让股价照花了眼睛，并由此推及公司的内部质量，而不去进行更仔细的研究。

光环效应的作用方式总是一样：我们由容易得到的或特别明显的因素，比如一家企业的经济发展形势，自动推论到更难查明的特性，比如管理质量或发展战略。于是，我们倾向于认为一家声誉良好的制造商的产品质量更好，虽然没有客观理由证明此事。而那些在某一个行业成功了的首席执行官们，人们就会认为他们在所有行业都会成功，哪怕是在私生活中他们也必须是模范。

心理学家爱德华·李·桑代克在近100年前发现了光环效应。如果某人的某一个方面（比如美貌、社会地位、年龄）造成了正面或负面的印象，那么它将“普照”其他的一切，从而过度影响其总体印象。美貌是得到研究最多的例子。几十项研究都证明，我们会自动认为漂亮的人更可爱、更诚实、更聪颖。事实也证明，有魅力的人更容易事业有成。光环效应在学校里就已经得到了证明：教师们会本能地给长相好的学生打出更高的分数。

广告业很擅长运用光环效应，相应地就有许多名人在广告中微笑。一位职业网球运动员为什么会是一位咖啡机专家，这从理性上是无法解释的，但这并不影响广告的成功。光环效应的“阴险之处”就在于它是无意识的。

当出身、性别或种族成为主要特征，普照一个人的其他所有特征时，这个效应就会造成不幸。你不必是种族分子或性别歧视分子，就会成为它的受害者。光环效应会模糊我们的视线，就像它使记者、教师和消费者们发昏一样。

光环效应偶然也会产生美丽的后果——至少短期内是美好的。你曾经爱得昏天暗地过吗？那你就会知道，一道光环能照耀得有多强。你所崇拜的人会显得非常完美：魅力出众、智慧、讨喜、心肠好。即使你的朋友指出他存在明显缺点，你也只会认为那是一种可爱的怪僻。

结论：光环效应挡住了我们的视线，让我们看不到真实的特征。因此你要看仔细。请你排除醒目的特征。世界级交响乐队就是这么选择队员的，他们让选手在一块幕布后面演奏，通过这样做来避免性别、种族或外貌影响他们的评价。我衷心地建议经济记者们，不要靠季度数据来评价一家公司（这已经有股市解决了），而要更深入地挖掘下去。这样挖掘出的东西，并不总是漂亮的，但有时很有教益。

Die Kunst des klaren Denkens

40 替代途径

恭喜你赢了俄罗斯轮盘赌

你与一位俄罗斯寡头政治执政者相约在你所在城市郊外的一座森林里见面。那位执政者随身带有：一只箱子和一把左轮手枪。他的箱子里塞得满满的，全是欧元——总共 1 000 万，齐刷刷的新票子。左轮手枪的枪膛里只有一颗子弹，另外 5 个弹膛是空的。“有兴趣玩俄罗斯轮盘赌吗？”那位执政者问道，“你只要按一下，这只箱子连同里面的东西就归你所有了。”你开始思考：1 000 万欧元会深刻影响你的生活——不再工作！你终于可以收藏赛车而不是邮票了。

假设你接受挑战，将枪口对着你的太阳穴，按下扳机。你听到轻轻的一声“咔嚓”，感觉肾上腺在你的体内奔涌。没有子弹射出，你活了下来，拿走钱，在法兰克福最漂亮的城区建起一座超大的别墅，你的邻居们非常嫉妒你。

这些邻居中有一位是个大名鼎鼎的律师，他的房子现在被你的别墅比下去了。他每天工作12小时，一年工作300天。他的小时工资很可观，但也很常见：每小时600欧元。一句话，他每年可以净存50万欧元。你偶尔会站在你的院子里向他打招呼、微笑，你在示意：他必须工作20年，才赶得上你。

假设20年后你勤快的邻居真的积累了1 000万欧元。他的别墅建在了你的别墅旁边。一位记者经过这里，就居住区“更富裕的”居民作了一篇采访报道。他评论了室内建筑和花园的精致。不过他不知道你俩之间的关键区别：藏在每个1 000万欧元背后的风险。要知道这一点必须了解替代途径——在这一点上，不仅是记者们，我们所有人都不擅长。

什么是替代途径？替代途径是指，所有同样可能发生但没有发生的事情。在俄罗斯轮盘赌上，我们有4种替代途径可以达到同样的结果（得到1 000万欧元的收益），你死去的可能性占1/5——与前4种达到的结果有着巨大的区别。在律师的例子中，不同替代途径能达到的结果的区别则要小得多。他在一座村庄里也许每小时只挣200欧元，在汉堡市中心和大银行的委托中也许每小时能挣800欧元。可与你不同，没有什么替代途径会让律师丢失他的财产甚至生命。

替代途径是无形的，因此我们很少会想到它们。任何玩垃圾债券、期权和信用违约互换，挣到数百万欧元的人，都不该忘记，他同时有一堆危险的替代途径，它们会直接将他拖进毁灭。在这么大风险下获得的1 000万欧元，价值远不及通过数年的辛苦劳动挣到的 1 000 万欧元。不管会计怎样声称 1 000 万欧元就是 1 000 万欧元。

有一回共用晚宴时，纳西姆·塔勒布建议扔硬币决定由谁埋单。结果他赢了。这情形令我不舒服，因为他是来瑞士做客的。我说："下回由我埋单，不管是在这儿还是在纽约。"他思考了一会儿，说："考虑到替代途径，你其实已经支付了这顿晚宴的一半了。"

结论：风险从来不是一眼就能看到的。因此，请你时刻考虑你有什么样的替代途径。比起你通过无惊险的平凡途径（比如从事律师、牙医、滑雪教练、飞行员或企业顾问的辛苦工作）获得的成功，别拿通过冒险的替代途径获得的成功太当真。蒙田怎么说来着："我的生命充满不幸——这些不幸大多没有发生。"

欧元即将瓦解
15年后将不再有原料
阿根廷的葡萄酒将更受欢迎

41 Die Kunst des klaren Denkens

预测的错觉

水晶球如何歪曲了你的目光

“两年内朝鲜将发生政权更替。”“阿根廷的葡萄酒不久将比法国的更受欢迎。”“欧元即将瓦解。”“10 年后人人可以去太空散步。”“15 年后将不再有原料。”

专家们每天都在用他们的预测轰炸我们。这些预测有多可靠呢？直到几年前都没有人花时间验证过它们的准确性。后来菲利普·泰特洛克来了。

这位伯克利大学的教授分析了总共 284 位专家在 10 年内所做的 82 361 个预言。结果，预测的准确性几乎不及你询问一台随机数字生成器。事实证明，最糟的预测家恰恰是那些媒体关注度最高的专家，尤其是世界灭亡预言家，其中又以瓦解论的代表为最——我们还一直在等待加拿大、尼日利亚、中国、印度、印度尼西亚、南非、比利时和欧盟的瓦解呢（奇怪的是没有专家想到过黎巴嫩）。

“预言未来的人有两种：一种是一无所知的人，另一种是不知道他们自己一无所知的人。”哈佛经济学家约翰·肯尼思上面的这句话招来了他同行们的憎恨。基金管理人彼得·林奇讲得更加傲慢：“美国有 6 万多个受过教育的经济学家。他们当中有许多被聘请来预测经济危机的发生时间。他们的预测只要有两次准确，他们就会成为百万富翁。但就我所知，他们中的大多数仍然还只是普通职员。”这是 10 年前的事。今天美国雇用的经济学家的数量有可能是 10 年前的 3 倍，但依然无人能准确地预测出经济危机的发生时间。

问题是：专家不必为错误预测付出代价——无论是以金钱损失还是以失去好名声的形式。换句话说，社会给了这些人不受约束的预测权利。他们预测错误时没有“坏处”，但如果预测正确，就会获得关注、咨询委托和出版机会等“好处”。由于这种预测的代价为零，我们正经历一场真正的预言膨胀。于是，越来越多的预言纯属巧合地猜中的概率就会上升。理想的情况是，强迫预测家们付钱给一个“预测基金”——比如每个预测 1 000 欧元，如果预测正确，专家就可以将他的钱连同利息一起拿回；如果预测不正确，这笔钱就交给一个慈善基金会。

什么可以预测，什么不可以预测呢？比如我在预测我一年内的体重变化时误差就不会太大。而一件事情越复杂、时间跨度越长，其未来的发展变化就越多。气候变暖、油价或汇率的走势几乎是不可以预测的。发明则是完全不可能预测的。如果我们知道有一天我们会有幸获得什么技术，它们此刻就已经被发明出来了。

结论：请你对预测持批评态度。我为此训练出了一种条件反射——我会对每个预测报以一笑，以此去除它的装腔作势，随后我会问自己两个问题。第一，这位专家的预测有何约束机制？假如他是雇员，如果他不断出错，他会失去他的工作吗？或者他只是一个自封的预测大师，靠图书和报告增加他的收入？第二，这位专家的预测准确率有多高？他在过去5年里做过多少预测？其中有多少应验了，有多少落空了？我希望媒体在发布所有预测时，一同公布被误以为是大师的人们的成绩证明。

最后，我要引用英国前首相托尼·布莱尔的一句话：“我不做预言。我从没做过，我也永远不会做。”

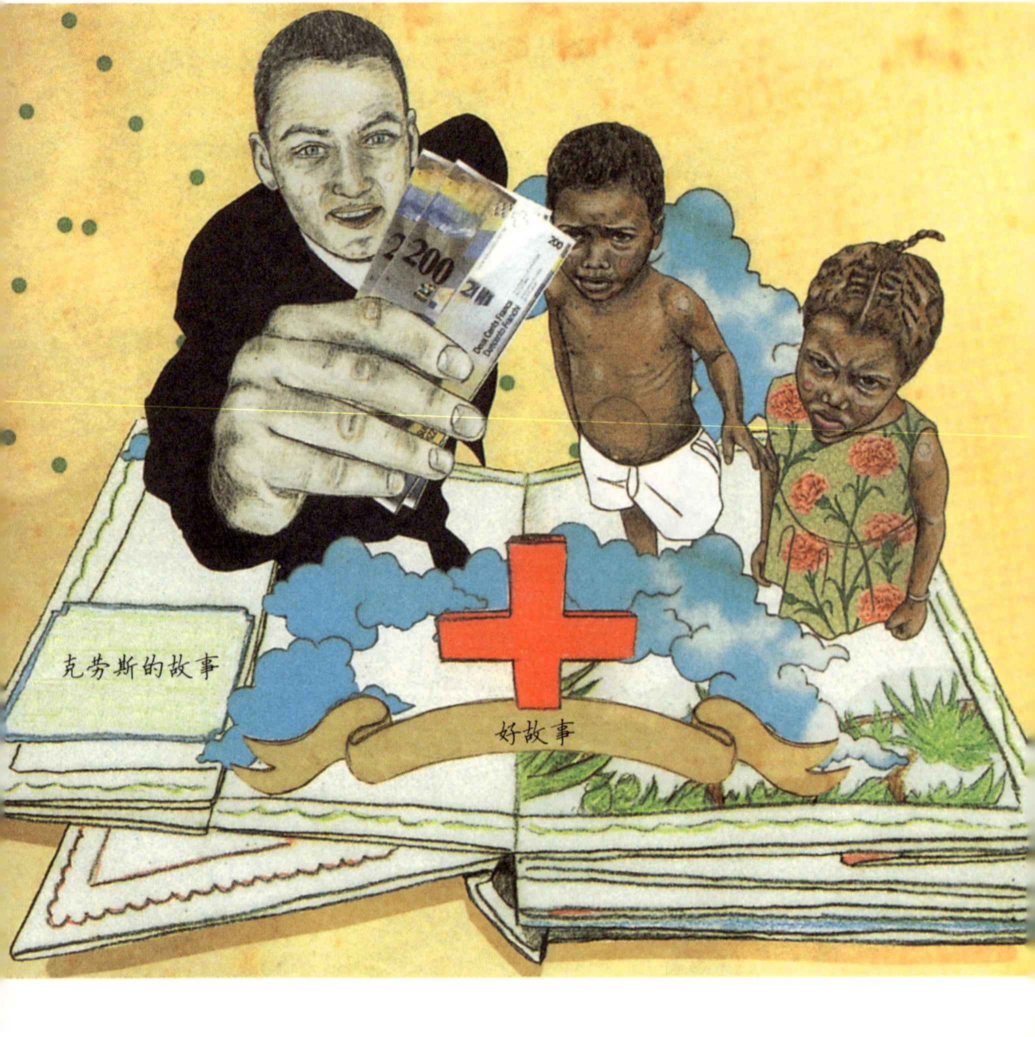
克劳斯的故事
好故事

Die Kunst des klaren Denkens

42 关联谬误

有说服力的故事为什么会误导人

克劳斯今年35岁，大学里主修哲学，自高中以来就致力于研究第三世界的课题。大学毕业后他在西非的红十字会工作了两年，然后在日内瓦的红十字会总部工作了三年，在那里被晋升为部门负责人。随后他读完MBA，就“企业家的社会责任”撰写了他的博士论文。问题：下列情况哪种可能性更大：（1）克劳斯在一家大银行工作；（2）克劳斯在一家大银行工作，在那里负责银行内部的第三世界基金会。

如果你像大多数人一样思考，你就会选（2）。可惜这个答案是错误的，因为答案（2）不仅包括克劳斯在一家大银行工作，而且还满足另外一个条件。但是，既是银行家同时又为一家银行内部的第三世界基金会工作的人的数量只是银行工作人员的一小部分。所以答案（1）的可能性更大。你也许还是觉得答案（2）更有可能，这就是关联谬误效应。这一思维错误，至今没有德语的对应词汇，诺贝尔奖获得者丹尼尔·卡尼曼和阿莫斯·特沃斯基对此曾经作过研究。

我们为什么会掉进关联谬误的陷阱呢？因为我们会直觉地理解“和谐的”或“可信的”故事。我们将克劳斯的故事描绘得越有说服力、越感人，我们犯这一思维错误的危险就越大。如果我这么问你，克劳斯今年35岁，下列情况哪种可能性更大：（1）克劳斯在一家银行工作；（2）克劳斯在法兰克福的一家银行工作，工作地点在银行第24层的57号办公室。现在你应该不会上当了。

这里再举一个例子，你看看哪种可能性更大：（1）法兰克福机场关闭了，航班被取消了；（2）法兰克福机场因天气恶劣关闭了，航班被取消了。这回你肯定能答对：答案（1）的可能性更大，因为答案（2）必须满足另外一个条件，也就是恶劣天气。机场也可能是由于炸弹威胁、意外事故或罢工关闭的。只是面对“可信的故事”我们不会想到这些事，至少，当我们——像你现在这样——对它们不敏感的时候。请你与你的朋友们做做这个测试。你会看到，大多数人都会选答案（2）。

就连专家们也会犯关联谬误。在1982年的一次关于未来石油消耗形势研究大会上，专业人员被分成了两组。丹尼尔·卡尼曼向A组这样预测：“1983年石油消耗会下降30%。”他向B组这样预测：“1983年油价飙升会导致石油消耗下降30%。”受试者必须说出他们认为这种预测实现的可能性有多大。结果一目了然：B组比A组更相信卡尼曼向他们所做的预测。

卡尼曼由此认为，存在两种思维：一种是直觉、机械、直接的思维；另一种是有意识、理性、缓慢、有逻辑性的思维。只可惜早在有意识的思维开始之前，直觉思维就得出了结论。比如，在 2001 年 9 月 11 日恐怖组织对世贸中心进行袭击之后，我想要购买一份旅行保险。一家聪明的公司利用关联谬误，提供一种专门的“恐怖主义保险”。虽然其他保险公司当时也提供各种意外保障（其中包括恐怖主义袭击），我还是选择了这个专门的保险。最愚蠢的是，我甚至愿意支付比一份普通旅行保险更多的钱来购买这个专门的保险，而普通旅行保险其实也覆盖了这种情况。

结论：请你忘记“左半脑和右半脑”的说法吧，更重要的是直觉思维和有意识的思维之间的区别。直觉思维偏好可信的故事，作重要决定时不顺从它们对你是有好处的。

99%
无脂的

Die Kunst des klaren Denkens

43 框架效应

言为心声

同样的事情可以有多种表达方式，例如你可以说："嗨，垃圾桶满了！"或者："宝贝，你要是能赶紧倒掉垃圾桶，那就太好了。"言为心声，同样的内容，换个不同的说法，效果完全不同。心理学里称之为框架效应。

框架效应是指：视表达方式的不同，我们会对同样的事情做出不同的反应。丹尼尔·卡尼曼于2002年荣获了诺贝尔奖。20世纪80年代，他与他的同事阿莫斯·特沃斯基一起进行了一次调查。他们拿出了两种消灭瘟疫的方案以供选择。在600人的生命受到威胁的情况下，选择方案A能救200人的性命；选择方案B则有1/3的可能让600人全部获救，有2/3的可能谁也救不了。被问者多数选方案A——自然依据的是这条原则：手中的麻雀胜过屋顶的鸽子。有意思的是，当换了种说法之后：选择方案A会死400

人；选择方案B则有1/3的可能无人会死，有2/3的可能600人全都会死，现在选方案A的人只剩下一小部分了，绝大多数人都选方案B。刚好与第一次调查相反。根据表达方式的不同——救命或者死亡——被问者对同样的事实做出了截然不同的选择。

再看另一个例子，研究人员拿出两种肉：99%无脂的和1%含脂的。被问者都认为第一种肉更健康，虽然两种肉其实是一样的。即使是在98%无脂的和1%含脂的肉之间进行选择时，大多数被问者还是会选第一种肉——即使事实上它含有的脂肪是第二种肉的两倍。

美化是框架效应特别喜欢采用的方式之一。股价下跌被称为“回调”。支付过高的收购价被称作“善意”。我们在每堂管理学课上都会学到，问题不是“问题”，而是“机会”。一位被开除的经理是某个“开始新生活”的人。一名阵亡的士兵——不管是因为倒霉或愚蠢导致他死去的——是个“战争英雄”。大屠杀是“种族清洗”。成功的迫降，比如迫降在纽约的哈得孙河上，被欢呼为“飞行的胜利”。(如果不迫降就不是胜利吗？)

你仔细观看过某种金融产品的宣传小册子吗——比如，一种ETF(交易型开放式指数基金)的？上面常印有该金融产品近几年的表现。会回溯多少年呢？会一直回溯到可以形成一个尽可能漂亮的上升曲线。这也是框架效应。还有，同样一块面包，会被说成是基督“象征性的”或“真实的”躯体，成为一种信仰。16世纪就发生过这种事。

如果我们只关注整体的一个方面或少数方面，我们也是在顺从框架效应的规则。比如，在购买一辆二手车时我们的注意力会集中在行驶里程上，而忽视了发动机、刹车装置和内饰的状况。因此我们的购买决定会受到行驶里程的影响。这是自然而然的，因为我们永远不能全面观察所有方面。换成另一个框架，我们也许会做出不同的决定。

作家们会有意识地使用框架效应。因为如果按照时间顺序，一步步描写出谋杀过程，侦探小说就会很无聊。那将不是侦探小说，而是纪实作品。虽然最后都是讲述了整个故事，但合理地利用框架效应才让故事更加吸引人。

结论：你要意识到，没有框架效应，你什么也不能描述，每个事实——不管你是从一位朋友那儿听到的，还是在一份严肃的报刊上读到的——都会受到框架效应的影响。本章也不例外。

Die Kunst des klaren Denkens

44 行动偏误

为什么不行动光等待是种痛苦

足球运动员罚点球，有 1/3 的概率是射向球门中央，1/3 的概率射向左边，1/3 的概率射向右边。守门员会怎么办？他们或者扑向左，或者扑向右。反正他们很少待在中间——虽然有 1/3 的球会射向那里。这是为什么？因为扑向错误的一侧要比傻瓜似的呆立原地，看着球从左边或右边飞过去好看得多，看起来也没那么难堪。这就是行动偏误：即使毫无用处，也要采取行动。

这篇足球研究论文来自以色列研究人员巴尔・艾利，他分析了 100 例点球的情形。可会发生行动偏误的不仅是守门员。在一家夜总会门外，一群年轻人吵吵嚷嚷，狂打手势。那情形看上去像是要爆发一场野蛮的斗殴。年轻警察在老警察的陪伴下停下脚步，远远地观察事态的发展，等候一旦出现伤者就插手干预。如果身边没有经验丰富的警察，情形就不同了：过分热心的年轻警察会受行动偏误控制，也就是说，他们会立即出手干预。来自英国的研究说明，如果警察耐心等候，受伤者比（年轻）警察过早干预的情形要少。

特别是在遇到新情形或不明情形时，就会发生行动偏误。许多投资者表现得都像夜总会门外没有经验的年轻警察那样：他们还不能正确分析股市的活动，就采取过激行动。这当然不值得。沃伦·巴菲特这样表述："在投资时，行动与成绩没有相互关系。"

行动偏误常出现在最有教养的圈子里。例如医生遇到一位病因不明的病人时，他是应该马上采取行动——开药，还是应该耐心观察一段时间？面对这种情况，他倾向于选择马上采取行动。我们不应该怪他这么做是出于经济考虑——让他这么做的原因完全是行动偏误。

为什么会有行动偏误？在一个狩猎采野果的环境中，行动比思考价值大得多。在过去，闪电式反应关乎生死存亡，思考则可能会致命。如果我们的祖先看到森林边缘出现一个看上去像是剑齿虎的影子，他们不会像罗丹的"思想者"那样坐到一块石头上，去进行分类学思考。他们会逃跑，而且是拔腿就跑。我们全都是这些迅速反应者的后代，他们宁可不必要地多逃跑一次。但我们今天的世界与过去不同——与行动相比，今天的世界奖励深刻的思考。这一转向让我们很难适应。

如果花时间等待刚好让你做出了正确决定，你得不到荣誉、得不到勋章、得不到刻有你名字的雕像。相反，如果你表现果断、行动敏捷，形势好转了（哪怕纯属偶然），那么，你就大有机会受到祝贺或成为年度最佳员工。社会更喜欢下意识的行动，而不喜欢有意义的等待。

结论：在不明情形下我们会产生要做点什么的冲动，随便什么——不管它有没有帮助。之后我们会感觉好受些，虽然其实什么也没有好转——事实甚至往往正好相反。因此，如果情况不明，请你不要采取任何行动，直到你能更好地分析形势。你要克制自己。“人类的全部不幸就是他们不能安静地待在他们的房间里。”帕斯卡尔就曾经这么写道，在他的书房里。

Die Kunst des klaren Denkens

45 不作为偏误

为什么你不是答案就是问题

有两名登山者。第一个人掉进了一个冰川缝隙里，你本来可以帮助他、营救他，但你没有这么做，结果他死了。你将第二个人主动推进冰川缝隙，不久后第二个人也死了。这两种行为哪种更严重呢？理性地看，这两种行为同样应该遭到谴责，无论是放弃不救还是主动谋杀——两者的结果都是死亡。但某种感觉告诉我们，放弃不救不如后者严重。这种思维错误人们称为不作为偏误。不作为偏误总是出现在无论放弃还是行动都会带来损害的地方。在这种情况下大多数人都会选择放弃，因为这样引起的损害主观看来更无害。

假设你是国家药品监督管理局局长，面临着是否要批准将一种药品用于垂死病人的决定。这种药品的副作用很强，它会当场杀死20%的病人，但能短期挽救80%的人的性命。你会怎么决定？

如果你像大多数人一样思考，你会禁止审批通过。你感觉当场将20%的病人送去西天的药物要比本来能够抢救80%的病人但没有施救的事实更严重。这是一个荒唐的决定，但符合不作为偏误。假设你知道不作为偏误，你以理智和道德的名义决定批准这种药品，如果第一个病人用药后死去了，会发生什么事呢？媒体会大呼小叫，你就会丢了工作。作为官员或政客，你要认真对待民众中的不作为偏误——保护自己，对你有利。

司法判决表明，这一“道德扭曲”在我们体内是多么根深蒂固。主动的死亡援助，哪怕它符合垂死者的口头愿望，在德国和瑞士也是要受罚的，而故意放弃维持生命的措施是不受罚的。

不作为偏误解释了，为什么事实证明注射疫苗能降低生病的风险，但家长们在要不要给自己的孩子注射疫苗时还是会犹豫不决。客观看来，如果孩子后来果然生病了，应该指控父母主动伤害孩子。没错，我们感觉故意放弃不如受谴责的主动行为严重。

不作为偏误解释了，为什么我们更喜欢让某人自己撞上刀口，而不愿直接伤害他。投资者和经济记者们感觉不研发新产品不如研发错误产品严重，虽然两者都会导致公司破产。我们觉得死抱着几年前买的一堆差股票不卖不如卖了再买错股票严重；不在一座煤电厂安装废气清洗器不如因成本原因拆除废气清洗器严重；不给自己的房子安装隔热层不如为了取暖燃烧明火严重；不声报收入不如伪造纳税资料严重——虽然结果都是相同的。

上一章我们了解了行动偏误。行动偏误是不作为偏误的反面吗？不完全是。当形势不明、矛盾、看不透时，行动偏误就会插手了。此时我们倾向于做无用功，哪怕没有这么做的合理理由。而不作为偏误的形势大多是一目了然的：今天的行为可以防止未来的损害，但防止损害对我们的激励并不强。

不作为偏误很难辨认——放弃行动不像采取行动那么容易看出。我们不得不承认，1968 年的欧洲学生运动看穿了不作为偏误，提出了一个醒目的口号来反对它："如果你不是答案的一部分，你就是问题的一部分。"[①]

① 这句话的意思是"如果你不解决问题，那你等于就是在延续问题、加重问题"，当然你就成了"问题的一部分"。——编者注

50%
70%
60%
80%

Die Kunst des klaren Denkens

46 自利偏误

你为什么从不自责

你阅读公司年报——特别是首席执行官的报告吗？不读？很可惜，因为那里泛滥着一种偏误的例子，我们都以某种形式犯过这种偏误。这种思维错误是这样的：如果公司这一年经营出色，首席执行官就会将其归因于他英明的决定、他本人不知疲倦的奉献和他所宣扬的活跃的企业文化。相反，如果公司这一年经营不善，责任就都是欧元走强、政府的政策、中国人的贸易活动、美国人的隐形关税，还有消费者的压抑情绪等。成功归于自己，失败归于外因。这就是自利偏误。

即使你还不知道这个概念，你上学时也应该早就熟悉自利偏误了。满分总是你自己的功劳，这么优秀的成绩反映了你的真实能力。如果你出现一次掉队，考了个低分呢？那就是考试不公正。今天你不再在乎学校的分数，但你也许会关心股市行情。赚钱了，你沾沾自喜；亏钱了，你怪罪“股市氛围”或你的投资顾问。我也会大量利用自利偏误：每当我的新小说爬上了畅销书榜，我就会得意扬扬：“当然了，这是我迄今最出色的书！”如果我的小说被其他新书淹没了，我也觉得合乎逻辑：批评家妒忌、批评文章太严厉、读者不理解什么是优秀文学。

作一个性格测试，按随机原则给受试者打分。得到好分数的每个人都觉得这个测试无懈可击，是普遍适用的。而那些碰巧得到差分的人，就会认为这个测试根本没有说服力。为什么会这样呢？为什么我们会将成功归功于自己，而将失败归于他人呢？原因有很多。最简单的原因可能是：这样我们会感觉好一些。一般来说，自利偏误造成的损失有限。若非这样，过去10万年的进化早就消灭掉这一思维错误了。不过要小心，现代世界里存在不能一目了然的风险，在这里自利偏误很容易导致灾难。理查德·富尔德就是一个很好的例子，他很喜欢自称是“宇宙的主宰”。至少直到2008年——富尔德还是雷曼兄弟公司的首席执行官。

美国有个标准化测试，即所谓的SAT（学术能力评估测试），所有申请上大学的学生都要接受这个测试，成绩分别介于200~800分之间。如果大学生们在考试一年之后被问起他们的SAT成绩，他们平均都会多报50分。有意思的是，他们不是无耻地撒谎，也不是无度地夸张，而只是将成绩提高一点点——直到他们自己相信它。

我住的公寓里有套合租房，由5名大学生合租。我有时会在电梯里遇到其中的一位。我单独问这些小伙子中的每一位，他多久会将合租房里的垃圾拿出去。一个说："每两次我会拿一次。"另一个说："每三次。"还有一个骂骂咧咧，因为我正巧碰见他拎着鼓鼓的垃圾袋："可以说总是我拿，90%吧。"虽然所有答案加起来应该是100%，但它们加起来却是320%！这些合租者系统性地高估了他们的作用——在这方面他们与我们所有人没有区别。婚姻里也是如此：科学证明，不管是男人还是女人，他们对自己为伴侣关系正常运转所做贡献的评价都高于50%。

如何应对自利偏误呢？你有对你直言不讳的朋友吗？如果有，你很幸运。如果没有，那你至少有个死对头吧？好，那你就挑战一下自己，请他喝咖啡，请他不加掩饰地说出对你个人的意见。你会永远感激他的。

Die Kunst des klaren Denkens

47 享乐适应症

你为什么应该缩短上班路程

假设有一天你的电话响了，人家告诉你，你买的彩票中了1 000万欧元。你的感觉会是怎样？你的这种感觉会持续多久？换个情形：你的电话响了，人家告诉你，你最好的朋友死了。你的感觉会是怎样？你的这种感觉会持续多久？

在之前的一章里我们探讨了政治、经济和社会领域的预测准确性有多低，我们发现专家们的工作并不比一个随机数字生成器的工作强多少。我们在预测我们自己的感觉时有多准确呢？中1 000万欧元的彩票会让你幸福很多年吗？哈佛心理学家丹·吉尔伯特对这些中奖者进行了调查，发现这种幸福感平均三个月后就烟消云散了。在银行汇来大单三个月后，你的感觉会与中奖前一样。

我有一位朋友是一家银行的经理，靠彩票中奖获得了巨额的收入，他决定搬出城市，在苏黎世城外建座房屋。他最终拥有了一幢有10个房间、外带游泳池的别墅，令人妒忌地可以眺望湖泊和群山。头几个星期他喜形于色，但不久人们就看不出他的兴奋了，6个月后他前所未有地不快乐。发生什么事了？幸福感在三个月后烟消云散了，别墅带来的幸福感也没多到哪儿去。“我工作回到家里，推开门，再也感觉不到这是怎样一幢房子了。我的感觉与我上大学时走进寝室的感觉没什么区别。”而与此同时，这个可怜的家伙现在平均每天必须花50分钟在上班的路上。研究证明，驾驶汽车的往返交通引起的不满最多，人们几乎无法适应。谁都不是天生喜欢来来往往，每天受罪。不管怎样，别墅对我朋友的快乐的净效应，怎么说都加不了什么分。

其他人的情况也不比他好。事业上迈进了一步的人在平均三个月后的幸福感又与先前一样了。就连那些非要驾驶最新款保时捷的人也一样。科学里称这一效应为享乐适应症：我们工作、升迁，给自己购买更多更漂亮的东西，但我们不会变得更幸福。

命运不好的人是怎样的呢——比如半身瘫痪或失去一位朋友，在这种情况下，我们也会系统性地高估负面情绪的持续时间和强度。当一段恋情破裂时，世界就崩溃了。受尽折磨者坚信，他们永远不会再感觉到哪怕一丝幸福了——但平均三个月之后他们就又快活起来了。

要是我们能够准确地知道，一辆新车、一个新事业、一段新恋情会让我们多么幸福，是不是就好了呢？那样我们做决定时就可以更加明确，也不会不停地暗中摸索了。是的，那样可能就好了。这里有一些科学的建议：（1）请你避免很长时间也不会习惯的负面效应，例如往返交通、噪声、慢性疲累等；（2）请你对物质的东西只期待短期效果，例如汽车、房屋、分红、中彩票、得金奖等；（3）持续的正面效应主要与你如何利用你的时间有关。你要设法让自己得到尽可能多的自由时间和自主权。请你做你最爱做的事情——哪怕你要付出部分收入。请你为友谊投资。对于女人，隆胸具有长期的幸福效应；对于男人，则是升职——不过，只有当男人不与此同时更换对比群体时才会感到幸福。因此，如果你在升为首席执行官之后只跟其他的首席执行官们交谈，幸福感就会消失。

怎么老是我！

Die Kunst des klaren Denkens

48 自我选择偏误

请不要惊讶有你存在

在从巴塞尔通往法兰克福的5号高速公路上我遭遇了塞车。“见鬼，怎么老是我？”我骂骂咧咧，望向相反车道，那里的汽车正以令人妒忌的速度向南行驶。我以蜗牛般的速度在空挡和一挡之间切换了整整一个小时。我问自己，我是否真是这么一个特别可怜的家伙，我真是大多数时候都在几乎不能动弹的地方（银行、邮局、商店）站在柜台前排队吗？或者这只是我的错觉？假设在巴塞尔和法兰克福之间有10%的时间都会出现塞车，我在某一天遭遇塞车的概率不比出现塞车的概率大，也就是10%。但我在行程的某个特定时刻果真陷入塞车的概率要大于10%，因为我在塞车时只能蜗牛爬行似的移动，在塞车中度过的时间多得超过了比例。再加上，如果交通顺利，我就不会浪费念头去想这回事；可一旦被困在里面，塞车就引起了我的注意。

这同样适用于在银行柜台前或红绿灯前排长队的情形：如果从A到B的路程之间有10个红绿灯，你平均会碰到1个红灯（10%的概率），9个绿灯，那么以你的总行驶时间计算，你在红灯前度过的时间要高于10%。不明白？那请你设想一下，假设你是在以光速行驶，在这种情况下，你花在一个红灯前等候、咒骂的时间就是你全部旅行时间的99.99%。

当我们本身是样品的一部分时，我们必须注意，不要掉进一种以自我选择偏误著称的思维错误的陷阱中。我的男性朋友经常抱怨说他们公司里女性太少，我的女性朋友则经常抱怨在她们公司里工作的男性太少。这与倒霉毫无关系，因为抱怨者是样品的一部分。任何一个男人在一个以男性居多的行业里工作的概率都很高。女人也一样。放大尺度来看：如果你住在一个男性或女性大量过剩的国家（比如中国及俄罗斯），你就有较大可能属于过剩的性别，相应地你会感到恼火。选举时你选择最大的党派候选人的概率最大，表决时你的选票与获胜多数的选票相符的概率最高。

自我选择偏误无所不在。营销负责人经常会掉进它的陷阱。例如：一家时事通讯报社给他的客户寄去一张调查表，旨在调查他们觉得这份时事通讯报有多重要。可惜只有订阅了这份报纸、尚未退订的客户收到了调查表——也就是对报纸较为满意的客户（其他人不再做样品）。结果这调查自然是无用的。

至少有十几位哲学家年复一年都在做以下的错误推论：他们在他们的图书里对能够形成语言这种天才的东西感到惊叹。我十分同情他们的惊叹，但这是没有理由的。如果不存在语言，哲学家们根本不能对它感到惊叹。是的，那样的话就连哲学家都不会有。只有在一个有语言的环境里才能对有语言表示惊叹。

特别有趣的是最近的一项电话调查：一家公司想查明每个家庭平均有多少部电话（包括座机和手机）。在分析调查结果时，他们居然对没有一个家庭声称没有电话而感到吃惊。这真是太可笑了！

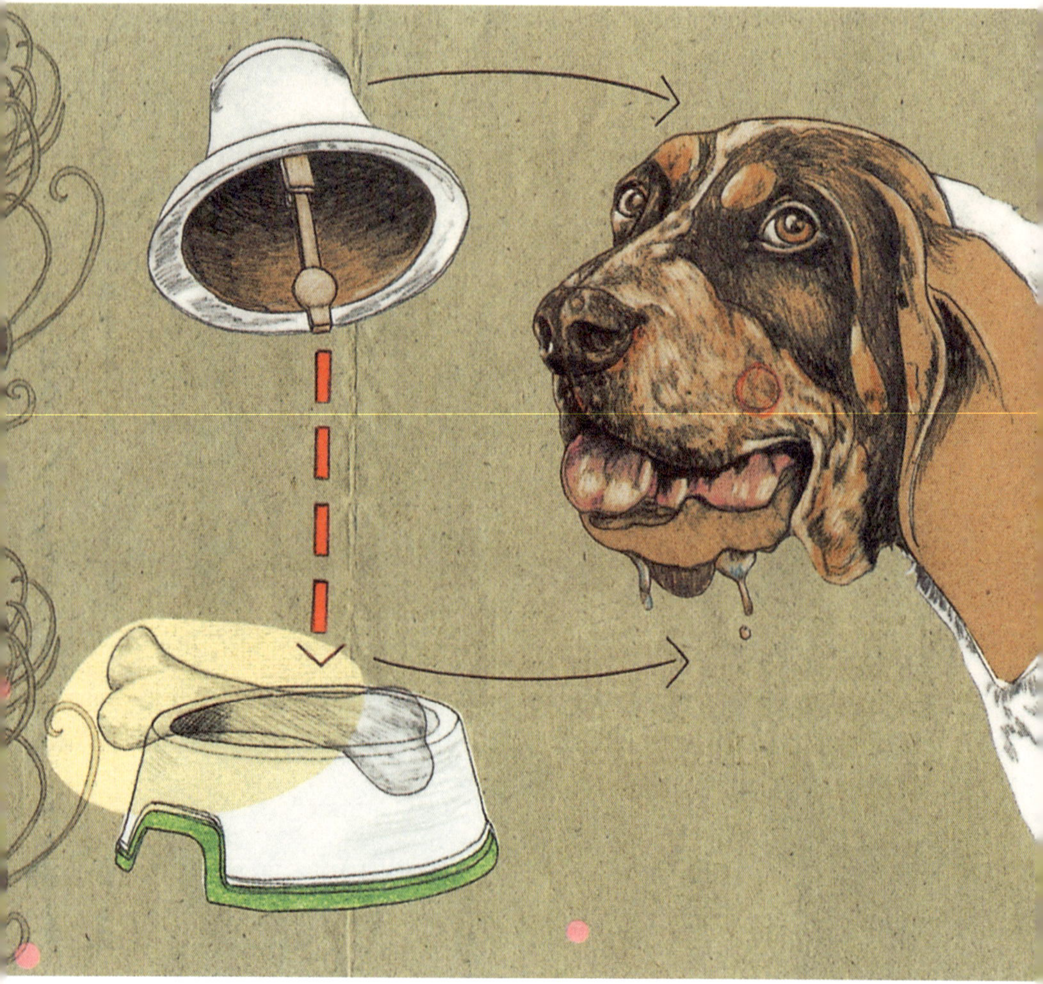

Die Kunst des klaren Denkens

49 联想偏误

为什么经验有时让人变蠢

凯文已经第三次向董事会汇报他的主管范围的成就了。每次都很完美，每次他都会穿着他印有绿色圆点的内裤。显然，他想：这是我的幸运内裤。

珠宝店里的女营业员是那么漂亮，凯文不好意思拒绝，只能买下她随便拿给他看的 10 000 欧元的订婚戒指。10 000 欧元——远远高出他的预算，但潜意识里凯文将这枚戒指与女营业员的美貌联系在了一起。他想，他未来的妻子戴上它同样会光彩照人。

每年凯文都会去医生那儿进行一次综合性体检。医生大多是向他证明，他，凯文，相对于他的年龄（44 岁），“还相当健康”。至今他只有两次是带着令人震惊的诊断离开医院的。一次是必须迅速动手术切除盲肠，另一次是前列腺肿大，幸好后续检查时证明了那不是癌症，而是炎症。当凯文这两次离开医院时，他当然有些失控——两次都是特别热的天气。从此，每当阳光火辣辣的，他就会感觉不舒服。如果约好见医生的那天很热，他就会临时取消。

我们的大脑是一部联想机器。原则上这样也很好：我们食用一种陌生果子，食后我们感觉不舒服，于是将来我们就会回避相应的植物，认为它的果子有毒或至少是吃不得的。知识就是由此形成的。

只是，错误的知识也是这么形成的。最早研究此事的是前苏联生理学家巴甫洛夫。他原本只想测量狗过量的唾液分泌。研究程序是这样的：在给狗喂食之前，先摇响一只小铃。不久，光摇铃就足以让狗产生唾液。它们将功能上彼此毫无关系的两样东西联结在了一起——铃响和产生唾液。

巴甫洛夫的方法也同样适用于人类。广告将产品与积极的情感联系在了一起。因此你永远不会看到可口可乐与一张不满的脸或一个苍老的身体出现在一起。喝可口可乐的人总是年轻、漂亮、无比快乐。

联想偏误会影响我们做决定的质量。比如，我们倾向于不喜欢送来坏消息的人。英语里称这种现象为“斩来使综合征”（Shoot the Messenger Syndrome）。信使与消息内容被联系在了一起。首席执行官和投资者们也有这种（无意识的）倾向，想避开这种误以为的送来不幸的人。结果，只有好消息能抵达上层，从而会出现一张被扭曲了的形势图。巴菲特对此了如指掌：他指示他公司的首席执行官们，不要告诉他好消息，只告诉他坏消息——而且要直截了当地。

在电话营销和电子邮件营销之前的时代里，小商贩会挨门逐户地推销他们的货物。有一天，小商贩乔治·福斯特经过一座空房子——但他不知道里面无人居住。一处小小的煤气泄漏让那座房子几星期来充满了易燃的煤气。不幸的是，门铃坏了。当福斯特按铃时，溅起一星火花，房子爆炸了。福斯特不得不被送进医院，幸好他很快又重新站起来了——但由于他对门铃按钮的恐惧是如此强烈，他许多年都不能再从事他的工作了。他非常清楚，这么一种意外事故是多么不可能重复发生，但他的理智怎么也无法将这归咎于错误的情感联系。

我们从中可以学到什么？没有谁讲得比马克·吐温更贴切了："我们应该注意，一个经历里隐藏着多少智慧，我们就只吸取多少——不要多；好让我们不像坐过热灶台的猫一样。被烫过的猫永远不会再坐到热灶台上去——这是对的；但它也永远不会再坐到冷灶台上去了。"

Die Kunst des klaren Denkens

50 新手的运气

假如开始时一切顺利，请务必多加小心

在上一章我们认识了联想偏误——将相互毫无关系的事件联系到一起的倾向。只因为凯文先后3次在董事会面前表现出色，而他每次都穿着他的印有绿色圆点的内裤，就去相信幸运内裤，这是毫无意义的。

下面是联想偏误的一种特殊情况：错误地与从前的成功建立联系。赌场的赌客熟悉这一点，他们称这是新手的运气。在游戏的前几轮就输掉的人会倾向于退出游戏；而赢钱的人，就倾向于继续玩下去。这个幸运儿坚信自己拥有超过平均水平的能力，于是他会加大赌注——后来他一下子就变成了倒霉蛋，也就是在概率“正常化”的时候。

新手的运气在经济生活里扮演着重要角色：A公司买下了较小的B、C、D公司。由于每次收购都很成功，A公司领导信心倍增，

相信自己擅长收购公司。因为受到鼓舞，A公司又买下了比它大得多的E公司。事实证明，这次收购是个灾难。清醒地看，这本是能够预料到的，但A公司被新手的运气照花了眼睛。

在股市中也是一样。20世纪90年代后期，在最初成功的驱使下，许多投资者投入了他们的全部积蓄购买互联网股票。有些人甚至不惜为此借贷。但他们忽视了一个小小的细节：他们暂时的惊人利润与他们挑选股票的能力毫无关系，不过是市场在走高。这段时间要想不挣钱都难。当后来股市暴跌时，许多人都被套了。

在2001~2007年美国房地产繁荣期间可以观察到同样生动的例子。牙医、律师、教师和出租车司机纷纷放弃他们的工作参与“炒”房——买房，然后再以一个更高的价格出售。最初的丰厚利润证明他们做得对，但这当然也与能力无关：房地产泡沫将每个还十分笨拙的业余掮客捧到意想不到的高度。许多人举债来“炒”更多更大的别墅。当市场最终崩溃时，他们债台高筑。

世界史上也存在新手的运气。我怀疑，没有先前的胜利，拿破仑或希特勒还敢不敢征战俄罗斯。

从哪一刻开始就不再是新手的运气，而是天才呢？没有明确的分界，但有两条线索。第一，如果你长期比其他人成功，你可以认为，自己的才华可能起到作用，但你绝不能过于自信、自满。第二，参与的人越多，某人出于纯粹的运气长期成功的概率就越大。也许你就是这个某人。如果你在一个只有10名竞争者的市场上脱颖而出，这说明你有一定的才华。如果你在一个拥有千万名竞争者的市场上成功了，你就不应该太骄傲（比如说在金融市场上)。这种情况下你应该认为，你只是很幸运。

不管怎样，请你不要急着做出判断。新手的运气有可能是灾难性的。请你像一位科学家那样，武装自己，以防自欺欺人。请测试你的看法，请你试着证明它们是错的。当我写完我的长篇小说处女作《三十五》时，我只将它寄给了一家出版社：Diogenes出版社。它立即就被接受了。有一段时间我感觉自己是个天才，是文坛黑马(一部主动寄去的手稿在Diogenes出版社得到出版的机会为1：15 000)。在我签好出版合同之后，为了测试，我将手稿又寄给了另外10家大型畅销书出版社。10家出版社通通拒绝了我。我的“天才理论”被证伪了——这又让我回到了现实。

Die Kunst des klaren Denkens

51 认知失调

你如何撒点小谎，让自己感觉好一些

一只狐狸偷偷地靠近一棵葡萄树，渴望地盯着树上熟得发紫的大葡萄。它拿前爪撑着树干，伸长脖子，想摘几串葡萄，可葡萄太高了。它恼怒地想再次试试它的运气，它纵身跃起，但扑了个空。第三回它用尽全身的力气一跳——又扑空了，它背朝下摔在地上，而葡萄树连一片叶子都没有动一下。狐狸耸耸鼻子，说："我觉得它们还没熟透，我不喜欢酸葡萄。"它骄傲地昂首走回了森林里。古希腊寓言家伊索的这则寓言描绘了最常见的思维错误之一，也就是狐狸曾经的打算与结果不符。狐狸有三种方式可以缓和这恼人的矛盾（失调）：（1）它最终还是想办法摘到了葡萄；（2）它承认自己的能力不够，摘不到葡萄；（3）事后做出别的解释。最后一种情况人们称之为认知失调。

举个简单的例子：你购买了一辆新轿车。你很快就后悔了——发动机太响、座位不舒服。怎么办？你没有将轿车退回去——不，那将是承认你犯了一个错误，你不降价汽车商很可能也不会再要它。于是你对自己说，马达响、座位不舒服，正好可以防止你开车时睡着觉——因此你买回了一辆特别安全的车。一点儿也不蠢，你想，你对自己的选择又感到满意了。

斯坦福大学的利昂·费斯廷格和梅里尔·卡尔史密斯指示他们的学生，将一份无聊透顶的工作干上一小时。然后他们将受试者随机分成两组。他们塞给A组的每位学生1美元（那是在1959年），指示他们热心地向等在外面的同班同学夸奖这份实际上很辛苦的工作，也就是撒谎。他们让B组的学生也同样这么做，只有一个区别：B组的每位学生为这小小的谎言获得了20美元。之后这些学生必须声称他们真的觉得这份工作很轻松。有趣的是，只得到1美元的学生都评价这份工作舒服有趣，人数要比得到20美元奖励的人多得多。为什么？他们觉得为小小的1美元撒谎没有意义，因此这份工作真的不太辛苦。而得到20美元的那些人，他们说谎了，为此收受了20美元——这是一笔公平交易。于是他们感觉不到认知失调。

假设你要申请一份工作，但人家选择了另一位候选人而没选你。你不会承认是你资质不够，而是会劝自己你其实根本不想要这份工作，你只是想再测试一下你的“市场价值”，看看人家到底还会不会请你去面试。

当我不久前必须在两只股票之间作选择时，我的反应十分相似。我买的那只股票不久后就狂跌不止，而另一只暴涨了。我的选择太蠢了，但我不能承认这个错误。相反，我清楚地记得，我一本正经地试图向一位朋友说明，我买的这只股票虽然眼下有点弱，但它比另一只“更有潜力”。这是一种极不理性的自欺欺人，只能用认知失调来解释。因为，如果我耐心等候，不急着购买，一直花时间操作另一只表现好的股票的话，那只股票的“潜力”会更大。我的朋友给我讲了那则伊索寓言。“你还可以尽情地扮演那只狡猾的狐狸——因为你没有吃到葡萄。”

Die Kunst des klaren Denkens

52 双曲贴现

及时行乐——但请只限于星期天

你是知道这句话的："享受每一天，仿佛那是你的末日。"它在每本生活杂志里至少会出现三回，属于那些生活帮助手册的标准保留节目，但这并没有让这句话变得更聪明。你想想，从今天起你不再刷牙、不再洗发、不再打扫房间、放下工作不做、不再支付账单——你很快就会贫穷、生病，甚至会进监狱。但这句话表达了一种深深的向往，对及时行乐的向往。在幸存到今天的所有拉丁文名言中，"及时行乐"恐怕是最受人们喜爱的：享受今天，充分享受，莫管明天。及时行乐对我们很有价值。价值是多少？多得我们无法理性地说明理由。

你是宁愿在一年后得到 1 000 欧元还是在一年零一个月后得到 1 100 欧元呢？如果你像大多数人那样思考，你会选择在 13 个月后得到 1 100 欧元。这是有意义的，因为其他地方不会有 10% 的月息（或120%的年息）。这利息远远弥补了你多等一个月会冒的风险。

第二个问题：你是宁愿今天拿到1 000欧元还是一个月后拿到1 100欧元呢？如果你像大多数人那样思考，你会决定今天拿到1 000欧元。这令人惊讶。在以上两种情形下你同样都是必须多坚持一个月，为了多得100欧元。在第一种情形下你会对自己说：我既然已经等了一年，那我也可以再多等一个月。在第二种情形下则不是。因此，随着时间长度的不同，我们做出的决定是不一致的。科学里称这一现象为双曲贴现。意思是：一个决定离现在越近，我们的“情感利息”就越多。

极少有经济学家能理解，我们主观上在预期不同的利率。经济学家的模式是建立在固定利率的基础上的，是不适用于以上情况的。

双曲贴现，也就是我们受及时行乐的想法控制的事实，是我们过去的动物性的一种残留。动物不愿意为在将来得到更多奖励而于今天放弃一种奖励。你可以随意训练老鼠，但它们绝不会为了明天得到两块奶酪而放弃今天的一块奶酪。（不过，你说小松鼠会埋起榛子？这纯属本能，事实证明，这种行为与控制冲动毫无关系。）

孩子们会怎么样呢？沃尔特·米舍尔在20世纪60年代就延迟满足做过一次著名的试验。在YouTube网站上可以找到这段美妙的录像，名为“棉花糖试验”。他将一块棉花糖（甜食）放在一群4岁的小男孩面前，让他们选择要么立即吃掉，要么，如果他们愿意等上几分钟，不吃第一块，就会再得到一块。惊人的是，只有极少数孩子愿意等。更惊人的是，米舍尔发现，是否拥有延迟满足的能力是他们后来事业是否成功的一个可靠的指示器。

我们年纪越大，建立的自我控制越多，我们就越容易成功地延迟满足。为了得到额外的100欧元，我们乐意在等候了12个月后再多等一个月。可是，如果我们今天能得到一份奖励，要让我们愿意推迟得到它，利息必须很高。这方面的最好证明是信用卡欠款和其他短期消费贷款的高利息。

结论：及时行乐的诱惑力极大——尽管如此，双曲贴现也是一种思维错误。我们越能控制我们的冲动，我们就越能成功地规避这一错误。我们对我们的冲动控制越小——比如在酒精的影响下——我们就越容易犯这个错误。及时行乐是个好主意——如果每星期一次的话。但天天享受，好像每天都是末日似的，却是不明智的。

跋

在群体里容易按照他人的想法生活，在孤独中容易按照自己的想法生活。但值得记住的只是那些在群体中保持独立的人。

——爱默生

非理性有狂热说与冷淡说之分。狂热说源远流长。柏拉图的著作中有这样的画面：骑手驾驭狂奔的马儿。骑手代表理性，奔马象征情感。理性控制情感。如果控制不成功，非理性就会暴露出来。再看另一幅画面：情感是沸腾的熔岩，理性大多数时候可以将它们控制在盖子之下，但非理性的熔岩偶尔也会爆发。因此，非理性是狂热的。理性实际上是一切正常，它没有缺点，只不过情感的力量经常更强大。

这一非理性的狂热说流传了数百年。卡尔文认为情感是邪恶的，只有集中精力想念上帝才能阻止它们。情感的熔岩从其体内冲出的那些人是魔鬼。他们相应地会遭到迫害、杀戮。弗洛伊德认为情感（它）是受我和超我控制的，但这很少成功。虽有诸般强制，虽有诸般纪律，相信我们能够通过思考完完全全控制我们的情感，这是幻想——就像试图用意念控制头发的生长一样。

相反，非理性的冷淡说还很年轻。第二次世界大战后有许多人询问应该如何解释纳粹的非理性。在希特勒政权中很少发生情感爆发。就连他自己的激情演讲也只不过是演员的精彩表演。没有情感的熔岩爆发，只有冷冰冰的决定导致纳粹主义的疯狂，对红色高棉也可以做类似的解释。这是因为理性吗？显然不是。这一定有什么不对头。20 世纪 60 年代，心理学家们开始清理弗洛伊德的荒唐观点，科学地研究我们的思维、决定和行为。结果，非理性的冷淡说就这样诞生了。它认为，思考本身是不纯洁的，是永远会犯错的，而且所有人都一样，就连高智商的人也会再三犯这些思维错误。这些错误不是偶然分布的。不同的思维错误会让我们系统性地跑向某个特定的错误方向。这让我们的错误可以诊断，从而得到一定程度的纠正。注意：是一定程度——不是完全。

产生这些思维错误的原因几十年都没弄清楚。我们身体的其他部位几乎都没有毛病——心脏、肌肉、呼吸、免疫系统，为什么偏偏大脑要接二连三地犯错呢？

思考是一种生物学现象。它就像动物的体形或花卉的颜色，同样都是由进化形成的。假设我们可以走回 5 万年前，抓住任意一位祖先，将他劫持到当代，送去理发店，随后将他塞进一套雨果·博斯牌服装中——他在大街上并不会引人注意。当然，他必须学德语、学开车、学习使用微波炉，但这些我们也必须学。生物学消除了一切怀疑：身体上的，包括大脑。我们是身穿雨果·博斯牌（也可以是海恩斯莫里斯牌）服装的猎人和采摘者。

但自那时以来发生了显著变化的，是我们生活于其中的环境。远古时代的环境简单稳定。我们大约50个人一群地生活在一起，没有值得一提的技术或社会进步。直到近1万年世界才开始发生急剧变化——出现了农业、畜牧业、城市和世界贸易，工业化以来环境的变化更是显著。今天任何在购物中心闲逛一小时的人，看到的人要比我们的祖先一辈子见到的人还多。今天如果有人说自己知道世界10年后是什么样子，我们就会嘲笑他。过去1万年我们创造了一个我们再也看不懂的世界。我们让一切更加完美，但也更加复杂，相互更加依赖。结果，我们创造了令人惊叹的物质财富，可惜也产生了文明病和思维错误。如果复杂性继续增加——我们可以说，它会继续增加，这些思维错误就会更频繁、更严重。

例如：在一个猎人和采摘者的环境里，行动得到的奖励要比思考得到的多。闪电式的快速反应决定生死存亡，长时间的苦思冥想是有害的。如果猎人和采摘者的伙伴们突然开始奔跑，跟随他们跑才有意义——不去考虑他们是否真的见到了一只剑齿虎或只是一头野猪。一个一级错误（那是一种危险动物，人们没有逃走）的代价是死亡，而二级错误（不是危险动物，而人们逃走）

的代价只是消耗几个卡路里。因此犯某种特定的错误，是值得的。谁的做法与众不同，他就会从基因池里消失。今天的我们是当时倾向于跟在别人身后跑的那些人的后代。只是，这一本能行为在今天是不利的。今天的世界奖励深刻思考和自由行动。谁曾经被股市套牢过，谁就能明白这句话。

进化心理学在很大程度上还只是一种理论，但却是一种很有说服力的理论。它解释了大多数思维错误——虽然不是全部。我们以下列说法为例："每块妙卡巧克力上面都有一头奶牛。因此上面有奶牛的巧克力就是妙卡巧克力。"就连智者也不时地会犯这个错误。很大程度上未受文明影响的土著也会出这种错。没有理由认为我们的猎人和采摘者祖先就没有犯过这种错。有些错误显然是被输入了固定程序的，与我们环境的"突变"无关。

这怎么解释呢？十分简单，进化并非绝对意义上"优化"了我们。只要我们比我们的竞争对手更好（比如尼安德特人），我们就会原谅自己的这些错误。数百万年来布谷鸟就将它们的蛋下在其他鸟的巢里，由那些鸟将蛋孵化，并喂食小布谷鸟。这是进化（还）无法消除的一个错误行为——因为它显然不是十分重要。

为什么我们的思维错误这么顽固？20 世纪 90 年代末，第二种类似的解释被分析出来了：我们的大脑是为复制设计的，而不是为发现真理设计的。换句话说，我们首先需要通过思考来说服别人。谁说服了别人，谁就确保了权力，从而确保了能够接触更多资源。这一资源接触反过来在繁殖和培养后代时又是一个关键优势。图书市场表明，我们进行思考主要不是为了发现真理。小说要比非小说类书籍好卖得多，尽管后者的真理含量要高得多。

最后，第三种解释：在特定情形之下，本能决定——哪怕它们不是十分理智——更好。所谓的启发学研究关心的就是这个问题。许多决定缺少必要的信息，也就是我们被迫缩短思考，使用大拇指规则（启发学）。比如，如果你感觉有不同的女人（或男人）吸引你，你应该娶（或嫁）谁呢？靠理性是不行的，如果你只信赖思考，你会永远单身。简言之，有时我们会本能地做决定，事后再说明我们选择的理由。许多决定（关于工作、生活伴侣、投资等）都是本能地做出的。之后我们再虚构出一个理由，它让我们感觉我们是清醒地做出了决定。比起科学家，我们的思考方式更像是律师。科学家追求的是单纯的真理，而律师精通于为一个已经确定的推论虚构出可能性最大的理由。

因此，请你忘记每本研究性管理学图书里都有介绍的“左半脑和右半脑”，本能行为和理性思考之间的区别要重要得多。两者都有其合理的应用领域。本能行为迅速、自发、节省能量；理性思考缓慢、费劲、消耗许多卡路里（以血糖的形式）。

理性思考当然也可以转变为本能行为。如果你练习一种乐器，你刚开始是一个音符一个音符地学，指挥每一根手指。随着时间的推移，你本能地掌握了琴键或琴弦：你看着面前的乐谱，双手像是自动在弹奏。沃伦·巴菲特阅读一份资产负债表，就像一位职业音乐家看总谱。这就是人们称作“能力范围”的东西：在我们拥有高超技能的地方让理性思考成为本能。可惜本能也会在我们达不到高超技能的地方发生——而且是发生在挑剔的理性能够正确干涉之前。于是就出现了思维错误。

非理性的冷淡说如此年轻，极少思维错误有通用的德语概念。因此我大多选用了英语概念。

最后还有三点说明：

第一，本书中罗列的思维错误的清单并不完整。

第二，这里谈论的不是病理学毛病。尽管存在这些思维错误，我们仍然可以自如地应付日常生活。一名犯了思维错误让 10 亿欧元付诸东流的首席执行官不存在被送进一家医院的危险。没有什么保健措施，甚至没有一种药物能让他克服这一错误。

第三，大多数思维错误是有相互联系的。你不该感到意外，因为大脑里的一切都是网状分布的。神经元的投射是从一个脑区传往另一个脑区的。没有一个脑区是独立存在的。

自从我开始搜集和描述思维错误以来，经常有人问我："多贝里先生，你是怎么做到在生活中不犯思维错误的呢？"答案是：我做不到。准确地说我根本不想这么做。回避思维错误是很麻烦的。我给自己制定了下列规则：在后果影响可能很大的情形里（在做重要的私人或业务决定时），我设法尽可能理智和理性地做决定。我掏出我的思维错误清单，逐一核对，像一名飞行员使用检查清单一样。我为自己设计了一份便于使用的核对表，我可以用它来仔细检查重要决定。在后果影响较小的情形里（例如在做是买宝马还是大众汽车的决定时），我就会放弃理性地寻找最佳方案，而是听从我的直觉。清醒思考是奢侈的。因此，如果可能的损害较小——你无须绞尽脑汁，要允许发生错误，这样你会生活得更轻松。只要我们能够有一定把握应付生活，只要我们在关键时刻小心留神，我们的决定是否完美，其实并不需要太在意。

致谢

我感谢纳西姆·尼古拉斯·塔勒布对本书的启发——虽然他忠告过我，千万不要将它出版（“宁可写小说，非小说类书籍不吸引人”）。我感谢科尼·盖比斯托夫，他熟练地编审了这些文章。我感谢朱利亚诺·穆西奥所做的文字修订，感谢安希尔德·沃尔兹-拉希利尔与出版界的良好联系。没有每星期将自己的想法写成文章的压力，就不会有这本书。我感谢弗兰克·施尔马赫博士，他将我的这些杂文发表在《法兰克福总汇报》上；感谢马丁·施皮尔勒，他的《星期天报》在瑞士为它们提供了一个平台。我感谢插画家比吉特·朗为我的文字所绘的插图。编辑塞巴斯蒂安·拉姆斯佩克、鲍尔茨·斯波利（两人都是《星期天报》的）和休伯特·施皮格尔博士（《法兰克福总汇报》的）用他们的火眼金睛在这些杂文每星期刊发前消灭了错误和不明白的地方——在此我衷心地表示感谢。经过无数次编审之后出现在这里的一切文字，责任由我自负。